"60岁开始读"科普教育丛书

家庭园艺乐

编 著

吴世福　吴苡婷　吴晔滨

上海科学技术出版社

复旦大学出版社

图书在版编目（CIP）数据

家庭园艺乐 / 吴世福，吴苡婷，吴晔滨编著；上海
科普教育促进中心组编. —上海：上海科学技术出版社：
复旦大学出版社，2019.11
（"60岁开始读"科普教育丛书）
ISBN 978-7-5478-4681-0

Ⅰ.①家…　Ⅱ.①吴…②吴…③吴…④上…　Ⅲ.
①观赏园艺—普及读物　Ⅳ.①S68-49

中国版本图书馆 CIP 数据核字（2019）第 238799 号

家庭园艺乐
吴世福　吴苡婷　吴晔滨　编著

上海世纪出版（集团）有限公司
上海 科 学 技 术 出 版 社　出版、发行
（上海钦州南路 71 号　邮政编码 200235　www.sstp.cn）
上海中华商务联合印刷有限公司印刷
开本 889×1194　1/32　印张 4
字数 50 千字
2019 年 11 月第 1 版　2019 年 11 月第 1 次印刷
ISBN 978-7-5478-4681-0/S·188
定价：20.00 元

内容提要

打造一个美丽的园艺世界，是很多城市人的梦想。因为繁忙的工作所限，一般人总要等到退休后才有时间、有精力养花莳草。不过，今天我们家庭养花的环境有了很大改善，不仅可选植物品种丰富，而且栽植空间也立体化——小阳台、大别墅，平地、高楼，墙头、窗台，花盆、花架，只要你愿意，处处可以有绿意、有繁花。

那么，我们可以选择哪些品类的植物进行家庭园艺活动呢？本书介绍了传统的木本、草本植物，也展示了新兴的多肉植物。这些植物在家庭养护中要注意什么，会有什么病虫害，书中有详细指导。

美丽的植物，带给我们的不仅是视觉和嗅觉等的美好享受，还给了我们一个美好的精神家园。愿每一个园艺爱好者能够乐在其中，找到自己的快乐。

编 委 会

"60岁开始读"科普教育丛书

顾 问

褚君浩　薛永祺　邹世昌　张永莲　杨秉辉　袁　雯

编委会主任

倪闽景

编委会副主任

夏　瑛　郁增荣

编委会成员

（按姓氏笔画为序）

王伯军　牛传忠　李　唯　蔡向东　熊仿杰　胡　俊　温　博

指 导

上海市学习型社会建设与终身教育促进委员会办公室

组 编

上海科普教育促进中心

本书编著

吴世福　吴苡婷　吴晔滨

总　序

党的十八大提出了"积极发展继续教育，完善终身教育体系，建设学习型社会"的目标要求，十九大报告中再次提出"办好继续教育，加快建设学习型社会"的重大目标，充分说明了终身教育的重要性。近年来，在国家实施科技强国战略、上海建设智慧城市和具有全球影响力科创中心的大背景下，老年科普教育作为终身教育体系的一个重要组成部分，已经成为上海建设学习型城市的迫切需要，也成为更多老年市民了解科学、掌握科学、运用科学、提升生活质量和生命质量的有效途径。

随着上海人口老龄化态势的加速，把科普教育作为提高城市文明程度、促进市民终身发展的手段是很有必要的。但如何通过学习科普知识进一步提高老年市民的科学文化素养，提升老年朋友的生活质量，已成为广大老年教育工作者和科普教育工作者共同关注的课题。为此，上海市学习型社会建设与终身教育促进委员会办公室组织开展了老年科普教育等系列活动，上海科普教育促进中心在这些活动的基础上组织编写了这套"60岁开始读"科普教育丛书。

"60岁开始读"科普教育丛书，是一套适合大多数老年朋友阅读的科普书籍，着眼于提高老年朋友的科学素养、增强健康生活意识、提升健康生活质量。丛书已出版 5 辑 25 册，现出版的第 6 辑共 5 册，涵盖了最新科技、日常礼仪、家庭园艺、口腔保健、心理健康等方面，内容都是与老年朋友日常生活息息相关的科学新知和生活智慧。

　　这套丛书提供的科普知识通俗易懂、可操作性强，能让老年朋友在最短的时间内学会并付诸应用，希望借此可以帮助老年朋友从容跟上时代步伐，分享现代科技成果，了解社会科技生活，促进身心健康，享受生活过程，更自主、更独立地成为信息化社会时尚能干的科技达人。

前　言

我国有丰富的植物资源。据统计，我国花卉植物有 7 500 种以上，占世界花卉植物资源总数的 60% 以上。中国的花卉种植有着悠久的历史，《诗经》中就有大量桃花、芍药和萱草的诗歌。

千百年来，很多文人雅客都酷爱种植花草。五柳先生陶渊明就酷爱种植菊花，留下了"采菊东篱下，悠然见南山"的千古名句。著名作家老舍也曾经写过一篇散文《养花》，他通过写养花的过程，讲述了自己感悟到的养花的乐趣。在老舍眼中，养花是一种有喜有忧、有笑有泪、有花有果、有香有色的美妙体验，让他心醉不已。侍弄花草，对于我们很多人来说，也是一种赏心悦目的人生体验。

今天，国内外都有一批园艺爱好者，他们热爱生活，喜欢种植花卉，把自己的生活装点得分外美好。因为职业生活的忙碌，很多爱花人无法挤出时间来实现自己的爱好。但是在退休后，他们可以拿起花锄，开始一段新的诗情画意人生。

本书尽可能将一些花卉种植的常识传递给花卉种植爱好者，让大家在短时间内就可以认识花卉，知晓种植它们的基本方法。本书分为园艺常识、木本花卉、草本花卉、多肉植物、植物趣事 5 个部分，介绍了 30 多种花卉的种植方法。

与其他同类科普图书不同的是，笔者在行文中加入大量与花卉相关的名篇诗句和各种典故、神话传说，并且交待了一些花草的医药价值。整本书的文化意味颇为浓厚，读来不仅可以了解科学知识，还可以得到文化滋润和心灵触动，让我们一同感受这份美好吧！

　　　　　　　　　　吴世福　吴苡婷　吴晔滨

目　　录

　园艺常识篇

二　木本花卉篇

三 草本花卉篇

四 多肉植物篇

五 植物趣事篇

一

园艺常识篇

1. 退休后侍弄花草有什么益处

在喧闹的世界中，城市人每天忙忙碌碌，身处其间的人都有"采菊东篱下，悠然见南山"的理想追求，渴望回归到小桥流水人家的田园生活，听鸟儿啼叫，看百花盛开。奈何我们因为人生的定势所限，在工作时无法真正回归田园生活。所以，打造一个美丽的园艺世界是很多城市人退休后的梦想，一直等到退休后才有时间，也有精力，在家里为自己开辟一个完美的精神家园，重新找回悠然生活的情趣。

每天被花草包围是一种上佳的养生方法。适当动手可以增强体质，家庭养花草是一种轻微的劳动，不需要耗费很多的力气。在养护管理过程中会有移盆、换盆、松土、施肥、浇水、剪枝等体力劳动，进行这些劳动需要全身较为均衡地不停运动，能增加身体的活动量，运动四肢筋骨关节，使人体的各部位得到锻炼，增强体质，增加防病抗病能力。有研究证实，经常从事园艺劳动能使人骨骼强健。身边很多爱养花草的人，因为多同自然界接触，经常在新鲜空气中活动，大脑和肌肉都会获得更充足的氧气，对新陈代谢也非常有益。养花草还可以修心，种植花草的老年朋友很少有人睡眠不好，因为和花草天天在一起，心情会放松，情绪会稳定，可以做到笑口常开。美国一项持续 12 年的研究表明，与不从事园艺活动的人相比，从事园艺活动的人明显寿命更长。

养花草还可以适度用脑，因为养花需要各种科学知识。例如，花的构造、色彩、香味等涉及植物学、化学等；花卉的光照、温度、空气、土壤、水分、营养元素的关系又涉及自然科学的各个领域。一旦侍弄起花草来，就需要多学习、多动脑、多实践，这样经常用脑可以延缓记忆减退。

与其他户外活动不同，养花种草是没有污染且能净化空气的有益劳动。满目鲜花绿草，不仅可以时时给自己带来生活的美感和无尽的快乐，还可以让周围的人感受大自然的美丽和神奇，使得身边的亲朋好友也获得身心愉悦的良好体验，这真是一件美事。

2. 中国为何被称作"世界园林之母"

在中国养花种草，其实有独特的优势。我国有丰富的植物资源，据统计，我国的维管植物达 3 万余种，其中花卉植物资源有7 500 种以上，占世界花卉植物资源总数的 60% ~ 70%。许多世界名花由中国原产或以我国为分布中心，特产种类很多，栽培历史悠久。例如，山茶属全世界有 220 余种，我国有 190 多种，占世界总数的86%；杜鹃花属全世界有800余种，我国有600多种，占世界总数的75%；含笑属全世界有50种，我国有35种，占世界总数的70%；蔷薇属全世界约150种，我国有80多种，占世界总数的53%；兰属全世界有50余种，我国有34种，占世界总数的70%。中国特产的传统名花，如白玉兰、腊梅、桂花、栀子花、南天竹、水仙花、玫瑰等，早就享誉世界；我国引种栽培花卉历史已有数千年，培育出众多品种。例如，牡丹品种近500种，菊花品种超过3000种，荷花品种在160种以上，梅花品种在300种以上，月季、凤仙花等品种也千姿百态、举不胜举；我国的银杏、苏铁、水杉、银杉、白豆杉、金钱松、珙桐、连香树等都是珍稀的观赏树种。

中国的花卉种植有着悠久的历史，《诗经》中就有大量桃花、芍药和萱草的诗歌。我们的祖先很早就开始进行花卉品种的培育和花草、树木的栽植配置，在很多典籍中可以窥见。例如，唐朝杜甫撰写的《江畔独步寻花·其六》就有："黄四娘家花满蹊，千朵万朵压枝低。留连戏蝶时时舞，自在娇莺恰恰啼。"

我国建造园林的艺术，以追求自然精神境界为最终和最高目的，从而达到"虽由人作，宛自天开"的审美情趣。它深浸中国文化的内蕴，是中国五千年文化史造就的艺术珍品，是民族内在精神品格的生动写照。中国古典园林艺术是人类文明的重要遗产，被举世公认为世界艺术之奇观，造园手法被西方国家所推崇和摹仿。中国有世界知名的皇家园林和遍布全国的士大夫阶层修筑的私家园林，我们熟悉的有圆明园、颐和园、网师园、留园等。

16 世纪以后，我国大量的花卉资源传到国外。欧美引进中国花卉后，其园林的品质也开始上升，当时这些地区往往把到中国采集花卉资源称为"挖金"。英国曾从中国引走数千种园林植物，这些植物在英国的园林建造中起到重要作用，它们逐渐成为欧洲园林的主角。在欧洲，曾经流传这样一句话："没有中国的花木，就称不上一个花园。"

我国是"世界园林之母"的说法是英国园艺学者威尔逊首先提出的。他在 100 多年前踏上中国的土地，开始了他为西方收集、引种花卉植物长期而影响深远的工作。随着他对中国花卉了解的增多，他认识到中国花卉对世界各国的园林产生举足轻重的影响。1913 年，他写下《一个博物学家在华西》一书，此书在1929 年重版时易名为《中国——园林之母》。中国是"世界园林之母"这个提法，也为众多的植物学者和园艺学家所接受。

3. 家庭绿化要注意哪些问题

今天我们养花的环境与过去有很大不同，我们的生活空间从地面转到高楼，很多市民会在露台、阳台甚至窗台上用花盆种上自己喜爱的花草。还有一些居住在底楼或者别墅的家庭，会在院子里开辟出自己的小花园来种植花草。因为城市人口密度比较大，在进行家庭绿化种花养草前，需要提前知晓一些注意事项，以免发生不必要的烦恼。

首先，居民小区是市民居住场所，种植花草应以不影响周围居民为前提。庭院种植的树木应控制一定的高度，日常要注意及时修剪，防止倒伏和遮阴过度；还要积极防治病虫害，使用农药或为花草浇水施肥时应注意控制不良的异味和滴水，以免影响周边环境，引来邻居们的投诉。

第二，如果需要利用阳台、窗台放置花盆及大缸种植花草，必须防止跌落，因为如果一盆盆花草下坠，那就是一颗颗"炸弹"，将威胁小区内行人的生命安全。如果住房的窗台过于狭窄，放置的花盆易被大风吹落，一般不宜摆放，如一定要摆放必须设法加固；制作放置花木的花架一定要牢固，并应该定期检查。我们在室内摆放的观赏植物不宜体积太大或枝叶太茂密，因为植物株形大、枝叶太茂密，到了晚上蒸腾作用大，会让整个室内空气干燥度降低，使得屋子里的湿气很重，影响人体健康；只有房屋有足够大的空间，空气流通性特别好，才可以在室内养育大型植物。

第三，室内注意要少养有刺的植物，如仙人掌、仙人球、霸王鞭等，家中有小孩的更要避免种植这类植物，以免被尖刺伤害。另外，有的花卉虽然颜色鲜艳，却是有毒植物，不宜在家中种植。如一品红的白色乳汁刺激皮肤会导致红肿，误食茎叶会中毒。常见的滴水观音（海芋）、尖尾芋、天竺葵、夹竹桃和马蹄莲等植物也不能养在室内，以免造成不良后果。

第四，在室内养花要避免香味过浓的植物。香味浓的花卉有很多，常见的香水月季、郁金香、风信子、百合等散发的香味大多对人体无害，但对一些过敏或常失眠的人来说，多闻会有伤害，如果感觉刺鼻，就要远离，以免对人体健康造成不良影响。

4. 阳台上种植新鲜蔬菜可行吗

近年来，种菜热风靡全国，很多人渴望自己种植蔬菜，体验自给自足的农耕生活，也有些人想解决所谓的"食品安全"问题。

事实上，很多正规销售渠道，如一些园艺农场和承包菜地的农业专业户，他们种植蔬菜有一定规模，通常与销售渠道签订质量保障合同，能够追溯供应的农副产品到原产地；为了长期的销售保障，他们会将供应蔬菜的农药残留量控制在国家允许范围之内，大家可以放心食用。因为一旦出现问题，他们将被监管部门严厉处罚。但是市场上还有一些非正规渠道销售的蔬菜，就很难保证农药残留量达标，如马路边、小区门口一些小商小贩叫卖的蔬菜就不一定来自正规渠道，有的是从菜市场或蔬菜种植基地批发来的，有的是其在城市边角地带开荒种植的，那些地方可能存在严重的空气污染（汽车尾气排放）和土壤污染，浇灌用水的质量也不能保障。

也有家庭认为，现在大城市里的孩子接触大自然的机会比较少，他们生活在水泥森林中，对于蔬菜的生长和成熟过程不太了解，在家里开辟一个小菜园，在阳台上盆栽一些辣椒、茄子、青菜等，可以让孩子了解蔬菜的生长过程，培养他们对于生命科学学科的兴趣。

虽然阳台种菜很有趣，但在实施之前应该提前考虑种植全过程中会遇到的各类问题。例如，种子或种苗来源，用什么基质去培育蔬菜，需要把蔬菜种在什么容器里，如何安排浇灌设施，尤其是排水的出路、肥料的来源、种植后对居住环境的影响和对邻里的影响等。

当然，阳台的种菜量非常少，难以满足日常饮食需求。如果空间有限，种菜不如种点花草更加让人赏心悦目。

5. 我们应该去哪里寻找种植用土

　　盆栽是非常特殊的小环境，因容器内的土壤不仅是固定植物根系生长的支撑物，还要为植物的生长提供养料、水分和空气；而盆栽的空间有限，对于栽培用泥土的要求自然就提高了。

　　种植花卉时，盆栽用土必须疏松、透气、保水和保肥能力强，还有就是无病虫害。如何判断土壤疏松透气、保水性强呢？有一个非常简单的判定方法：用拳头抓取一大把土壤后捏紧，手松开后，被捏紧过的土壤若落地后会均匀地松散开来，这样的土壤透水性和透气性都很好，适合用作花卉养护。

　　土壤的结构是由土壤的组成决定的，土壤的基本成分是砂子、黏土和腐殖质。所谓腐殖质，即动植物残体腐化分解后形成的物质。种植花草最理想的土壤就是用等比例的砂子、黏土和腐殖质混合而成的。

　　土壤的肥力通常与土壤的颜色有关。土壤颜色越黑，显示土壤中腐殖质含量越多、肥力充足，黑色的山泥就是天然的富含肥力的土壤。也可以通过人为调节来提高土壤的肥力，如可以增加氮、磷、钾等富含这些元素的化肥或者腐殖质。

　　怎样才能使土壤没有病虫害呢？在种植植物前，可以将选取的土壤进行以下操作：除去虫蛹、草根、石砾等杂物，过筛，在日光下曝晒1～2天或加热蒸焙1～2小时来杀死会造成病害的孢子和害虫的卵，这种土壤就不会给种植的植物带来病虫害。

植物的生长周期不同，种类不同，对于土壤的酸碱度要求也不相同，因此要按照比例配置适合植物生长的营养土。一般植物所需营养土的配置方法如下。

（1）播种及幼苗用土：腐叶土、园土、砂土的比例为2:1:1，或者腐叶土、园土、草木灰（砻糠灰）的比例为1:1:1。

（2）一般盆栽花卉用土：腐叶土、园土、草木灰、厩肥的比例为2:2:1:1，或者腐叶土、园土、厩肥2:3:1。

（3）耐湿耐阴的植物（如吊兰）用土：腐叶土、园土、草木灰、厩肥的比例为1:4:2:1。

（4）扦插繁殖植物用土：因为植物在生根前，本身就有营养物质，不需要养料，直接用黄沙即可；或者园土、草木灰的比例为1:1，腐叶土、园土的比例为1:1。

（5）多浆植物（又叫多肉植物）用土：黄砂、园土、腐叶土的比例为1:1:2，或者园土、砖渣的比例为1:1。

（6）酸性植物用土（如兰花、栀子花）：山泥腐叶土、园土加少量黄沙即可。

（7）碱性植物用土（如玫瑰花、南天竺）：一般是园土和煤渣或者草木灰。

以上配方仅供参考，具体还得根据种植的实际条件和种植的植物种类来定。

怎样选用盆栽植物的盆

在农村种植花草非常容易，房前屋后有很多空地，而居住在"水泥森林"的大都市中，要想寻得一隅种植花草却是件有点奢侈的事情。大多数爱好者把喜爱的绿色植物栽植于花盆中。其实盆栽也有盆栽的好处，可以随时搬移，如可以放在阳台、也可以放在客厅，可以放在书桌上、也可放于茶几，这样便于管理，也容易观赏。南宋诗人陆游就曾经写过一首《怀旧·翠崖红栈郁参差》："翠崖红栈郁参差，小盆初程景最奇。谁向豪端收拾得，李将军画少陵诗？"从诗中可以看出陆游对于盆景的钟爱。

盆栽应该如何选择花盆呢？其实盆就是一个安放绿色植物的容器，只要这个容器能盛得下这株植物，能使它健康成长（满足根系生长的透气和施肥、浇水管理的需求）即可。花盆的大小应当和植株大小相配。一般来说，草本植物的用盆大小只要比它的根系范围大上 3～4 厘米即可，木本植物的用盆大小只要比植物树冠大 2～3 厘米就可以了。花盆过大，影响植物根部透气，浇水不透；花盆过小，影响植物根系生长。

市面上能够选择的花盆有以下 9 类。

（1）木盆、柳编花盆、竹编花盆、适宜种植悬挂植物的椰棕花盆。这些花盆的共同特点是价格便宜，透水性、透气性较好，摆在室内具有浓厚的田园气息。缺点是易受潮、霉变和生虫，因此在换盆的时候，要对这些花盆进行消毒处理。

（2）塑料盆。塑料盆的种类很多，应用最为普遍，易搬运，价格低，深受花农喜爱。虽然透气性不是很好，但底部小孔较多，适合草本花卉的种植和育苗。

（3）石头盆。古朴美观，搭配植物有个性和韵味。缺点是透水、透气性差，价格高。在植物盆栽过程中要增加颗粒物的比例，防止植物根系受涝烂根。

（4）铁质盆。美观，容易运输和搬运，缺点是透水、透气性差，尤其是铁质盆容易生锈，建议作套盆使用。

（5）玻璃盆。通透性高，造型多变，容易搬运且运输价格便宜。口径小的花盆，保湿性强。但与铁质花盆一样，透水、透气性差，一般用于家庭 DIY 微型景观盆景的制作。

（6）瓦盆，又称素烧盆、泥盆。用泥土、黏土烧制而成，分为红色和灰色两种。排水、透气性好，价格低廉，规格齐全，最适于家庭养花之用。

（7）紫砂盆，又称陶盆。制作精巧，古朴大方，多为紫色和红色，规格全，但透气性、透水性不及瓦盆，适于栽植耐湿、耐阴的植物，也可用作套盆。

（8）瓷盆、彩釉陶盆。用瓷泥或陶泥制成，外涂彩釉，工艺精致，色彩鲜艳。瓷盆美观，多用作瓦盆的套盆来装点室内和展览，适合种植耐阴、耐湿性花卉。瓷盆的价格比较昂贵。有的瓷盆历史久远，造型独特，具有收藏价值。缺点是排水、透气不良。

（9）火山泥盆。它是现在最为先进的一种花盆，用火山泥和陶土按照一定比例搭配烧制而成。火山泥制成的花盆，透气性和透水性非常好。加之火山喷发的泥土里富含大量微量元素，没有有害的细菌，pH 值呈微酸性，最适合种植多肉类植物。

除上面提到的在市场上有售的各种花盆外，还有用各种包装材料自己略加改造（如打孔、装提手，或在边上打孔作悬挂盆等）后制成的各种各样的盆，但要注意安全和环保。

7. 应该如何防治植物虫害

我们辛苦种植的正在生长的花卉，碧绿的叶片边缘被蚕食了缺口，叶片上出现不规则的小洞，幼嫩的小枝顶端及嫩叶上爬满小虫，某一分枝或整个植株突然打蔫……看到这些现象难免让人恼火，这都是虫害作怪。要养好观赏植物，就要作好与害虫作斗争的准备。国人与虫害斗争的历史由来已久。蝗灾是古代经常出现的灾害，唐代诗人白居易曾经写过《捕蝗·刺长吏也》，记录了当时人们对抗蝗虫虫害的历史:"捕蝗捕蝗谁家子,天热日长饥欲死……一虫虽死百虫来,岂将人力定天灾。"今天科学技术的发展,使得我们对抗虫害的能力强了很多。那么,在家庭种植过程中,应该怎么防治虫害呢?

首先,种植花草树木对病虫害应以预防为主,也就是要在源头上防止病虫害入侵。例如,对种植用的花盆、盆土、种子或种苗等,在栽植之前应严格消毒,防止病虫害(包括害虫的虫卵、幼虫、虫的蛹及病菌的菌丝、菌核、菌块、孢子等)带入。其次,在栽培过程中应根据植物的生长习性,采取适当的措施使植株生长健壮,具有抵抗病虫害的能力;加强管理和采取措施,使植物生长场所不利于病虫害的滋生和发展。最后,发生病虫害时,要根据症状确定是何种病虫害,决定采用哪些措施、何种农药、如何配制来治理,以确保花草的正常生长。

危害花卉的害虫有4种类型:第一种是食叶害虫,它们是昆虫中鳞翅目的幼虫(如刺蛾,又名痒辣子、刺毛虫)、蓑蛾(又名避债蛾、皮虫)、灯蛾(又名毛毛虫)、毒蛾(此类幼虫身上的毒毛能引起人体皮肤红肿、皮炎)和直翅目的蝗虫、负蝗等,这类害虫通常有咀嚼式口器,常咬食植物。可采用胃毒剂农药杀灭,常用的农药有氧化乐果乳剂等。第二种为刺吸害虫,最常见的有蚜虫、粉虱、蚧壳虫(如珠蚧、吹绵蚧、盾蚧、蜡蚧等)、蓟马、叶蝉、盲蝽等,此类害虫具刺吸式或锉吸式口器吸食植物体内汁液，使植物叶片皱缩变色，还可传播病菌。对此类害虫一般采用触杀剂和胃毒剂农药喷杀，如吡虫啉、毒死蜱、氧化乐果乳剂、三氯杀螨醇乳剂等。第三类为蛀干害虫，主要有天牛（如星天牛、桃红颈天牛等）、吉丁甲虫、蠹蛾等，这类害虫的幼虫蛀食茎秆，造成上部枝叶枯死或全株死亡。此类害虫杀灭较麻烦，需捕杀成虫并于虫蛀食处注入氧化乐果乳剂并用泥浆封口。第四类为地下害虫，如蝼蛄、地老虎、金龟甲（即金龟子幼虫蛴螬），此类害虫主要咬食植物幼根、嫩茎。防治方法主要为诱杀，如用糖醋液加农药敌百虫可诱杀地老虎、用棉籽饼或秕谷炒香加农药敌百虫可诱杀蝼蛄，还有就是人工捕捉等。

8. 面对生病的花草应该怎么办

　　栽植的园艺观赏植物在生长过程中有时会发生莫名其妙的病害，仔细检查发现植株既无虫害，也没有感染病菌。到底是什么原因使植株变得没有生气而萎蔫了呢？我们请教农艺师，他会告诉我们这种植物可能是得了生理性疾病，相当于人缺乏某种维生素或生活环境差、被有毒物质污染等。对植物而言，如果生长的环境条件太差、持续时间过久，会对植物的生理活动造成严重干扰和破坏，导致发病，甚至死亡。这些病害不会相互传染，故又称生理性病害。

植物学家发现，如果土壤中植物必需元素供应不足时，可使植物出现不同程度的褪绿，有些元素过多时又可引起中毒。

氮是植物细胞和蛋白质的基本元素之一。植物缺氮时植株矮小、叶色淡绿或黄绿，随后转为黄褐并逐渐干枯。氮过剩时，叶色深绿，营养体徒长，成熟延迟；过剩氮素与碳水化合物形成多量蛋白质，而纤维素、木质素则形成较少，以致细胞壁薄弱，易受病虫侵害，且易倒伏。长期使用铵盐作为氮肥时，过多的铵离子还会对植物造成毒害。

磷是细胞中核酸、磷脂和一些酶的主要成分。缺磷时，细胞核和细胞质形成较少，影响细胞分裂，导致植株幼芽和根部生长缓慢，植株矮小。

钾是细胞中许多成分进行化学反应时的触媒。缺钾时，叶缘、叶尖先出现黄色或棕色斑点，逐渐向内蔓延，碳水化合物的合成因而减弱，纤维素和木质素含量因而降低，导致植物茎秆柔弱易倒伏，降低抗旱性和抗寒性。

此外，在缺镁、缺钙、缺铁、缺钼、缺锌、缺锰、缺硼和锰中毒等条件下，植物也会发生非侵染性病害。

土壤中有很多盐分，这些盐分非常易于溶解，但是它们对植物有害，如氯化钠、碳酸钠和硫酸钠等过多时会对植物造成伤害，其症状是植株萌芽受阻和减缓。这种现象叫做多盐毒害，又称碱害。幼株生长纤细并呈病态，叶片褪绿，不能开花结果。长期浇自来水的盆栽植物也有这种生病的症状。

水分失调也是植物生病的一种原因。旱害可使木本植物的叶子色变，随后落叶。受旱害植物的叶尖和叶缘变为干枯或火灼状，当植物因干旱而达永久萎蔫时，就出现不可逆的变化，导致植株死亡。而涝害的症状是叶子黄化，植株生长柔嫩，根和块茎及有些草本茎有胀裂现象，有时也可使器官脱落。

此外，温度失调、光照失调和环境污染也都可能成为植物杀手，使植物产生缺绿、坏死、落叶等症状。

对植物生理性病害的防治主要包括两个方面：一是通过抗性锻炼和抗性育种，来提高作物的抗逆性。二是改善环境条件，维持生态平衡和促进生态的良性循环，主要是改善植物的生长环境。例如，气温高可遮阴，气温低时覆盖塑料膜或放进温室；土壤中缺乏某些元素时，可通过配制培养土时纠正，或施基肥及追肥补充，一般的生理性病害均可得到预防和控制。

9. 植物有哪些病原性病害

　　植物病害是指植物在生物或非生物因子的影响下，发生一系列形态、生理和生化上的病理变化，阻碍了植物正常生长、发育的进程。这里讨论的生物因子即致病生物入侵栽植的植物，通常称病原性病害。造成病害的致病生物按病原种类可分为：①真菌病害，如葡萄霜霉病、小麦锈病等；②细菌病害，如大白菜软腐病、柑橘溃疡病、草莓青枯病等；③病毒病害，如大豆花叶病、蔬菜花叶病毒病、马铃薯花叶病毒病、西红柿病毒病等；④寄生植物病害，如菟丝子病；⑤线虫病害，如松材线虫病、大豆胞囊线虫病；⑥原生动物病害，如椰子心腐病。

　　植物发生病害后会在其生理、组织结构和形态上产生病变的特征：肉眼可直接观察到的病变，称为宏观症状；借助显微镜才能辨别的病变，称为微观症状。

　　症状是确定植物是否发生病害并作出初步诊断的依据。植物得病后表现的各种症状是因其细胞、组织或器官受到某种破坏而变质所致。如可引起植物器官的变形，有些症状同施用激素不当时导致的症状或缺素症的症状相似；可在外表形成突起、肿瘤或耳突，也可导致卷叶、皱缩，甚至矮化等畸形。有些病原物还能在植物体内产生有毒物质，如镰刀菌产生西红柿萎凋素和镰刀菌酸；有的还能产生某些激素，如玉米黑粉菌和根瘤细菌产生吲哚乙酸、赤毒菌产生赤霉素等，这些物质都与症状表现之间存在一定的联系。

植物病害流行是指致病生物在植物群体中的顺利侵染和大量发生。其流行是致病生物群体和寄主植物群体在环境条件影响下相互作用的过程，环境条件常起主导作用。对植物病害影响较大的环境条件主要包括：①气候土壤环境，如温度、湿度、光照和土壤结构、含水量、通气性等；②生物环境，包括昆虫、线虫和微生物；③农业措施，如耕作制度、种植密度、施肥、田间管理等。植物传染病只有在寄主的感病性较强、致病生物的致病性较强且数量大，环境条件有利于致病生物侵染、繁殖、传播和越冬，而不利于寄主植物的抗病性时，才会流行。

植物病害的防治原则如下：消灭致病生物或抑制其发生与蔓延；提高寄主植物的抗病能力；控制或改造环境条件，使之有利于寄主植物而不利于致病生物，从而抑制病害的发生和发展。一般以预防为主，因时因地根据作物病害的发生、发展规律，采取具体的综合治理措施。特别是避免造成公害和人畜中毒。

二

木本花卉篇

10. 在家里怎么种植"盆景一绝"的银杏

银杏堪称植物界的活化石，它的历史可以追溯到 2.7 亿年前中生代白垩纪，后来经历了第四纪冰川，仅有少许在中国大地存活。银杏生长较慢，寿命极长，从栽种到结银杏果要 20 多年时间，40 年后才能大量结果，因此有人把银杏称作"公孙树"，有"公公种而孙得食"的含义。中国古代诗词中也有银杏的踪迹，

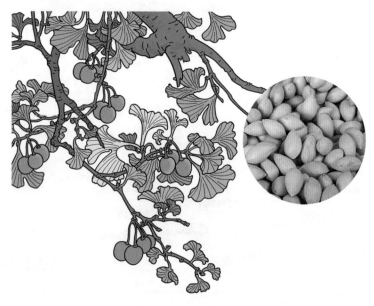

银杏果又称"白果"

宋代著名诗人杨万里曾经写过一首题为《送詹进卿大监出宣城》的古诗，其中就有"银杏木瓜分我否，鸳鸯野鸭莫渠惊"的名句。

银杏树是中国四大长寿观赏树种（松、柏、槐、银杏）之一，它树干挺拔，叶形奇特，常常是我国园林、庙宇种植的庭园树。银杏盆景更是我国盆景中的一绝，银杏的干粗、枝曲、根露，造型独特，展现出苍劲潇洒、妙趣横生的文化韵味。夏天遒劲葱绿，秋季金黄可掬，给人以峻峭雄奇、华贵优雅之感，被誉为"有生命的艺雕"。根据人们不同的欣赏要求，银杏盆景主要分为观实盆景、观叶盆景和树桩盆景 3 种类型。

银杏为喜光树种，深根性，对气候、土壤的适应性较大，能在高温多雨及雨量稀少、冬季寒冷的地区生长，但生长缓慢或不良；能生于酸性土壤（pH 值 4.5）、石灰性土壤（pH 值 8）及中性土壤，但不耐盐碱土及过湿的土壤。栽培银杏盆景主要有以下两种方法：第一种是种子播种，在秋天时可以收集白果，将其晒干后放在砂土里保存，冬天或者来年春天可以播种，播后覆土 3~4 厘米并压实，幼苗当年可长至 15~25 厘米高。秋季落叶后，即可移植到花盆中。第二种方式是分株，银杏树的树干基部容易发生萌蘖（分枝），在春天可剔除根际周围的土，用刀将带须根的蘖条从母株上切下，另行栽植培育，放置到盆景中。当然还可以采用嫁接的方法。在制作盆景时，还要加工雏形和修剪造型，使银杏盆景展现出独特的艺术性，这是非常考验功力的工作。

银杏树内部有白果酸，病害比较少，比较容易养护。银杏果又称为"白果"（银杏是裸子植物，它的种子像果实，市面上出售的白果其实是去掉外种皮后的中种皮）。

延 伸 阅 读

白果是老百姓食用的滋补品，可以抑菌杀菌、祛痰止咳、抗涝抑虫、止带浊和降低血清胆固醇。但是因为白果含有氢氰酸毒素，不可过多食用，应控制在一天10粒左右，不然会有中毒的风险。银杏叶中含有黄酮、甾醇等，可用于治疗高血压及冠心病、心绞痛、脑血管痉挛、血清胆固醇过高等病症。

11.如何种植"岁寒三友"之一的梅花

梅花是"中国十大名花"之首，与兰花、竹子、菊花一起列为"花中四君子"，与松、竹并称"岁寒三友"。在中国传统文化中，梅以它高洁、坚强、谦虚的品格，给人以立志奋发的激励。在严寒中，梅开百花之先，独天下而春。

梅花原产我国南方，已有 3 000 多年的栽培历史，无论作观赏或果树，均有许多品种。梅花不但可以露地栽培以供观赏，还可以栽为盆花、制作梅桩。鲜花可提取香精，花、叶、根和种仁均可入药。果实可食，盐渍或干制，或熏制成乌梅入药，有止咳、止泻、生津、止渴之效。

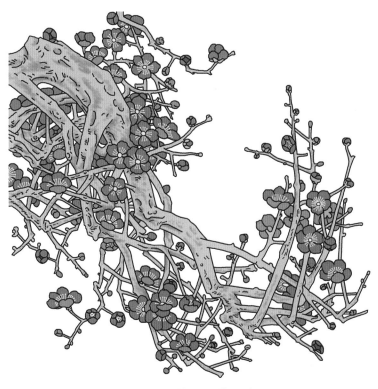

严寒中，梅开百花之先

梅花性喜温暖、湿润的气候，在光照充足、通风良好的条件下能较好生长，对土壤要求不高，耐瘠薄，耐寒，怕积水。适宜在表土疏松、肥沃、排水良好、底土稍黏的湿润土壤生长，梅花通常在早春时开花，若遇低温，开花期延后。我国各地均有栽培，但以长江流域及以南各省为多。

梅花的繁殖有嫁接、扦插、压条和播种等。嫁接是繁殖梅花最主要的方法，收集桃、杏、梅的种子播种 1~2 年后的实生苗可作嫁接梅花的砧木，嫁接的方式有切接、腹接、芽接，在江南地区切接和腹接是在每年春季发芽前（3 月）进行，或在秋分前后（9 月、10 月）再行腹接。梅树也可以种子繁育，可以在 6 月时收获梅树的果实，摊放几天使充分熟透，晾干后可于当年秋季或次年春季播种（种子可收藏于湿砂层中）。

梅花栽培分为露地栽培、盆栽和桩景栽培。露地栽培应于落叶时期进行，选择土质疏松、排水良好、通风向阳的高燥地，成活后一般天气不旱不必浇水。每年施肥 3 次：入冬时施基肥，以提高越冬防寒能力及备足明年生长所需养分，花前施速效性催花肥，新梢停止生长后施速效性花芽肥，以促进花芽分化；每次施肥都要结合浇水进行。中国北方由于冬季严寒，露地栽培难以越冬，故多作盆栽，适宜在温室中越冬生长。繁殖成活的梅苗，露地栽培一至数年后，可在年前上盆。盆土宜疏松、肥沃、排水良好，盆底施足基肥。盆梅对水分比较敏感，要求也比较严格，盆土过湿，轻则根系发育不良，叶黄而脱落，重则伤根毁树；盆土过干，则枝少且短，新梢伸长慢，易落叶，花芽发育不良。因此盆梅浇水应干浇湿停、不干不浇、浇则浇透，雨天要避免盆土内积水。盆梅因已施足底肥，且不喜大肥，当新梢长到约 5 厘米时，可施一次薄饼肥水，促使枝条生长健壮。

盆栽梅花应放在通风向阳处养护，过密或环境阴蔽，使植株高而细弱，冬季多晒太阳则花芽饱满粗壮，花色艳丽，姿态美观。盆梅因直则无姿、正则无景、密则无态，应按"疏、欹、曲"而又不矫揉造作的原则进行修剪。盆栽梅花应每隔 1~2 年在早春花后修剪完毕进行翻盆、换土。

梅花的主要虫害有桃粉大蚜、黄褐天幕毛虫、桃红颈天牛，可用吡虫啉、功夫乳油喷杀。此外，还有蚧壳虫、红蜘蛛、袋蛾以及刺蛾等虫害，要经常检查、及时防治。

12. 如何种好有"花中皇后"之称的月季花

月季花大，由内向外呈发散型，有浓郁的香气，被称为"花中皇后"。中国是月季的原产地之一，相传中国在神农时代就有人把野生月季挖回家中栽植。北宋文学家张耒曾经专门为月季写过一首七言古诗《月季》："月季只应天上物，四时荣谢色常同。可怜摇落西风里，又放寒枝数点红。"中国最早记载栽培月季的文献为王象晋（公元1621年）的二如堂《群芳谱》。到了明末清初，月季的栽培品种大大增加。清代的《月季花谱》收集有64个品种，《月季画谱》中记载有109种。

月季的适应性强，耐寒、耐旱，对气候、土壤要求虽不严格，但以疏松、肥沃、富含有机质、微酸性、排水良好的土壤较为适宜。性喜温暖、日照充足、空气流通的环境。大多数品种最适宜的温度在白天为15～26℃，在晚上为10～15℃。冬季气温低于5℃即进入休眠。夏季温度持续30℃以上时，即进入半休眠，生长不良，失去观赏价值。

月季根系发达，生长迅速，植株健壮，花朵大，观赏价值高。在管理时应根据不同类型、生长习惯和地理条件来选择栽培措施。月季喜光，在生长季节要有充足的阳光，所以露地栽培月季要求选择阳光充足、空气流通、土壤微酸性、易排水的地块。栽培时要深翻土地，并施入有机肥料做基肥。

如果盆栽月季，应该选择泥瓦盆养育，需要配制腐殖质丰富而呈微酸性的砂质土壤。盆栽月季要选择矮、多花且香气浓郁的品种。

在每年越冬前后需要对盆栽月季进行翻盆、修根、换土，逐年加大盆径，在每年春天新芽萌动前要更换一次盆土，以利其旺盛生长并于当年开花。平时也要把盆栽月季放在阳光充足的地方。给月季浇水要做到见干见湿，不干不浇，浇则浇透。月季怕水淹，盆内不可有积水，水多易烂根。月季浇水因季节而异：冬天休眠期保持土壤湿润，不干透就行；开春枝叶生长，适当增加水量；在生长旺季及花期需增加浇水量；夏季高温，水的蒸发量加大，见盆土表面发白时即可浇水，早晚各浇 1 次以补充水分，并避免阳光暴晒。每次浇水应有少量水从盆底渗出，说明已浇透；另外，浇水时不要将水溅在叶上，以防止病害。

月季喜欢肥料，肥料多了，花朵就开得艳丽，所以盆栽要施足基肥，基肥以迟效性的有机肥为主，如腐熟的鸡粪、豆饼等。在生长季节，可 10 天左右浇 1 次淡肥水。冬天休眠期不可施肥。

冬天养育盆栽月季，最好将室温保持在 18℃ 以上，且每天要有 6 小时以上的光照。如果没有保暖措施，那就任其自然休眠：到了立冬时节，只保留 5 厘米长的枝条，然后把花盆放在 0℃ 左右的阴凉处保存，盆土要偏干一些，但不能过度，防止干死。

月季的病虫害主要为刺蛾、介壳虫、蚜虫、蔷薇三节叶蜂、金龟子、叶螨、钻心虫（月季茎蜂的幼虫），可以自己将其捉除，如果虫太多，需用药剂防治。

13. 金银花是否容易繁殖

金银花又名忍冬。"金银花"一名出自《本草纲目》，由于初开时为白色，经一两日花色转黄，故名"金银花"。又因一蒂二花，两条花蕊探在外，成双成对，形影不离，状如雄雌相伴，又似鸳鸯对舞，故有"鸳鸯藤"之称。

金银花分布在我国、日本、朝鲜、韩国等地，我国种植历史已逾千年，主要集中种植在山东、陕西、河南、河北、湖北、江西、广东等。与顾炎武、黄宗羲并称"明末三大思想家"的王夫之曾经写过一首题为《花咏八首其七·金钗股》的诗，所谓"金钗股"就是指金银花。他在诗中详细刻画了金银花的外形和香气："金虎胎含素，黄银瑞出云。参差随意染，深浅一香薰。雾鬓欹难整，烟鬟翠不分。无惭高士韵，赖有暗香闻。"

金银花适应性很强，喜阳，耐阴，耐寒性强，也耐干旱和水湿，对土壤要求不高，酸性、盐碱地均能生长，但以在湿润、肥沃的深厚砂质土壤生长最佳。每年春夏两次发梢；根系繁密发达，萌蘖性强（其根部经常会有嫩芽生出），而且茎蔓着地即能生根。

金银花的繁殖可用播种、压条、扦插和分株4种。种子可以在4月播种，只需将种子在35~40℃温水中浸泡24小时，取

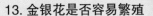

出置于湿砂中催芽，等种子裂口达 30% 左右时即可播种。在畦上开沟播种（也可播于花盆），覆土 0.5~1 厘米，盖上稻草，每 2 天喷水 1 次，10 余日即可出苗，在秋后或第二年春季移栽。如果采用扦插繁殖，可以在夏秋阴雨天气，选健壮无病虫害的 1~2 年生枝条截成 30~35 厘米，摘去下部叶子作插条，随剪随插于透气、透水性好的砂质土地（也可扦插于花盆），插时挖深 16~18 厘米的穴，每穴 1 根插条，斜立着埋入土内，地面上露出 7~10 厘米，填土压实。扦插前如于插条基部用生根的激素（生根粉等）处理，能提高成活率。栽后喷一遍水，以后干旱时每隔 2 天要浇水 1 遍，半个月左右即能生根，第二年春季或秋季移栽。另外，压条繁殖在 6—10 月进行。分株繁殖在春秋两季进行。

养护时需在冬季进行整形修剪，剪枝时要注意新枝长出后的通风、透光。在金银花栽植后头 1~2 年内，是金银花植株发育定型期，需多施一些人畜粪、草木灰、尿素、硫酸钾等肥料。栽植 2~3 年后，每年春初应多施畜杂肥、厩肥、饼肥、过磷酸钙等肥料。

金银花病害有褐斑病、白粉病、炭疽病等，可以通过控制植株和枝杈密度，确保通风、透光来预防。发现病害要及时清除并烧毁残株病叶，喷洒波尔多、代森锌、托布津、退菌特等杀菌农药防治。

金银花虫害有蚜虫、尺蠖、天牛等。蚜虫可以用乐果或灭蚜松（灭蚜灵）喷杀。尺蠖的防治是入春后在植株周围 1 米内挖土灭蛹，在发生期可用鱼藤精或敌百虫等喷杀。天牛的防治方法是用敌百虫液灌注花墩，在产卵盛期喷敌百虫液；发现虫枝，剪下烧毁；虫孔塞敌敌畏原液浸过的药棉，毒杀幼虫。

延·伸·阅·读

金银花晒干是常用中药。味甘，性寒，有清热解毒、疏利咽喉、消暑除烦的作用。可治疗暑热症、泻痢、流感、疮疖肿毒、急慢性扁桃体炎、牙周炎等病。但是脾胃虚弱者不宜常用金银花，因为会使体质变虚，宜只在体内有火、感冒咳嗽时服用，不建议长期使用。

14. "圆簇白如霜"的绣球应怎么养护

绣球，又名八仙花、紫阳花、粉团花，是常见的盆栽观赏花木，为虎耳草科绣球属植物。落叶灌木，高 1 ~ 4 米，茎常于基部发出多数放射枝而形成一圆形灌丛。绣球花型丰满，大而美丽，其花色能红能蓝，令人悦目怡神，因其形态如绣球，故名"绣球花"。中国栽培绣球的时间较早，在明、清时期建造的江南园林中都栽有绣球。

中国 20 世纪初所建的公园中也离不开绣球的配植。在园林中，绣球常被植于疏林树下、游路边缘、建筑物入口处，或丛植几株于草坪一角，或散植于常绿树之前。在小型庭院中，绣球可被对植，也可被孤植，在墙垣、窗前栽培也富有情趣。公园和风景区常成片栽植，形成美丽的景观。

绣球性喜温暖、湿润和半阴环境，怕旱又怕涝，不耐寒，但适应性较强。生长适温为 18～28℃，冬季温度不低于 5℃。花芽分化需 5～7℃温度条件，一般 6～8 周；温度为 20℃可促进开花，见花后维持 16℃能延长观花期；但高温使花朵褪色快。盆栽绣球常用 15～20 厘米盆；盆栽植株在春季萌芽后注意充分浇水，保证叶片不凋萎；在 6—7 月的花期里，肥水要充足，每半月施肥 1 次；平时栽培要避开烈日照射，以 60%～70% 遮阴最为理想；盛夏光照过强时适当遮阴可延长观花期。

绣球种植以疏松、肥沃和排水良好的砂质壤土为好。花色受土壤酸碱度影响，酸性土花呈蓝色，碱性土花为红色；为了花色呈深蓝色，可在花蕾形成期施用硫酸铝；为保持花色为粉红色，可在土壤中施用石灰。盆土要保持湿润，但浇水不宜过多，特别是在雨季要注意排水，防止受涝引起烂根。冬季室内盆栽以稍干燥为好。每年春季换盆1次。适当修剪，保持株形优美。

绣球常用扦插、分株、压条和嫁接繁殖，以扦插为主。扦插繁殖可于梅雨期间选取树上健壮嫩枝作插穗，长20厘米左右，摘去下部叶片；插后需遮阴，保持湿润，15天到1个月发根，成活后第二年可移植。分株繁殖在早春萌芽前进行，可将已生根的枝条与母株分离，直接盆栽，浇水不宜过多，在半阴处养护，待萌发新芽后再转入正常养护。压条繁殖可在芽萌动时进行，30天后可生长，第二年春季与母株切断，带土移植，当年可开花。嫁接繁殖用琼花实生苗作砧木，春季切接，容易成活。移栽绣球宜在落叶后或萌芽前进行，需带宿土。

绣球主要有萎蔫病、白粉病和叶斑病，可用65%代森锌可湿性粉剂600倍液喷洒防治。绣球的虫害有蚜虫和盲蝽危害，可用40%氧化乐果乳油1 500倍液喷杀。

15. 纯洁芬芳的栀子花如何进行盆栽

栀子花原产中国，主要产自华东、西南、中南地区。上海人对栀子花更不会陌生，每当夏季晚上，弄堂里"栀子花、白兰花"的叫卖声久久回响，成为很多人的乡愁记忆。栀子花浓郁的

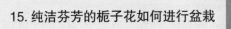

芬芳，更是沁人心脾。

种上一盆洁白的栀子花也是很多文人雅客的梦想。唐代著名诗人刘禹锡曾经写过一篇《和令狐相公咏栀子花》："蜀国花已尽，越桃今已开。色疑琼树倚，香似玉京来。且赏同心处，那忧别叶催。佳人如拟咏，何必待寒梅。"栀子花还是一种环保的绿色植物，它可以净化空气。

栀子花喜温暖、湿润和阳光充足的环境，它们不耐寒，耐半阴，怕积水，所以，最好种植在排水良好、疏松、肥沃和酸性的砂壤土。栀子花生长最佳的温度为 16～18℃，温度过高或者过低都不利于栀子花生长，因此，在夏季或冬季建议选择通风良好的室内进行养护，要注意适期入室和出室。室温保持在10～12℃为宜，最低不得低于 0℃。空气湿度如低于 70%，就会直接影响花芽的分化和花蕾的成长，因此在生长期间要注意适量增加浇水量，同时要注意给栀子花的叶面喷洒些水，提高空气的湿度，同时要注意浇水不宜过多，防止发生烂根的情况。

栀子花繁殖的主要方法是扦插和压条。栀子花的枝条很容易生根，在生长期剪取健壮成熟、长 10～15 厘米的枝条，插于砂床上，只要经常保持湿润，极易生根成活，而且水插远胜于土插，成活率接近 100%，剪下插穗仅保留顶端的 2 个叶片和顶芽，插在盛有清水的容器中，经常换水，3 周后即开始生根。压条法一般在清明前后或梅雨季节进行，可从母株上选取一年生健壮枝

35

条，将其拉到地面，刻伤枝条上的入土部位，如能在刻伤部位蘸上生根粉，再盖上土压实，则更容易生根，一般经20～30天即可生根，在6月生根后可与母株分离，至次春可带土分栽或单株上盆。另外，栀子花苗木移植或盆栽以春季为好，在梅雨季节进行，需带土球。

栀子花对于营养物质的需求非常高。夏季开花前，施磷钾含量较多的肥料为好。在栀子花生长旺盛时期，宜施沤熟的豆饼、麻酱渣、花生麸等肥料（发酵腐熟后可呈酸性），但必须薄肥多施。栀子花种植不足3年时，切忌施人粪尿，因为施氮肥过多会造成枝粗、叶大、浓绿，但不开花。栀子花在生长期间，容易枝杈重叠，密不通风，应进行适量的修剪，并及时剪去枯枝和徒长枝，剪除根蘖萌出的其他枝条。翌年早春修剪整形，培养优美树形的树冠。

栀子花经常因缺铁、缺镁发生叶子黄化的"缺绿病"，可喷洒硫酸亚铁及硼镁肥防治。缺氮则叶黄，新叶小而脆；缺钾叶由绿色变成褐色；缺磷叶呈紫红或暗红色，均可通过施肥治愈。栀子花虫害有刺蛾、蚜虫、跳甲虫、介壳虫和粉虱危害，用敌杀死乳油、敌百虫、氧化乐果乳油喷杀。

16. 国色天香的牡丹花应该如何种植

　　牡丹花色泽艳丽，富丽堂皇，素有"花中之王"的美誉，花大而香，又有"国色天香"之称。唐代诗人刘禹锡在《赏牡丹》一诗中写道："庭前芍药妖无格，池上芙蕖净少情。唯有牡丹真国色，花开时节动京城。"牡丹原产我国秦岭一带，在长期引种栽培中，中国古人培育出不少品种，更有很多专著问世，如宋代欧阳修的《洛阳牡丹记》、明代薛凤翔的《牡丹八书》、清代余扶伯的《曹州牡丹谱》等。菏泽、洛阳均以牡丹为市花。

　　牡丹性喜温暖、夏季凉爽、冬季不过度严寒、干燥、阳光充足的环境。喜阳光，也耐半阴，耐寒，耐干旱，耐弱碱，忌积水，怕热，怕烈日直射。在温暖地区，年平均气温在15℃以上的地区栽培牡丹较为困难。牡丹适宜在疏松、深厚、富含腐殖质且排水良好的中性之砂质壤土中生长，在酸性或黏重土壤中生长不良，要求适度湿润，尤其夏季不能过于干燥。

　　牡丹的繁殖方法以分株及嫁接居多。分株繁殖在明代已被广泛采用，方法如下：在每年的秋分到霜降期间，将生长繁茂的大株牡丹整株掘起，从植株茎基部容易分离处劈开，一般每 3 ~ 4 枝为一子株，有较完整的根系；再以硫黄粉少许和泥，将根上的伤口涂抹，即可另行栽植。牡丹分株一般利用健壮的株丛。进行分株繁殖的母株上应尽量保留根蘖，新苗上的根应全部保留，以备生长数年后可以多分生新苗。这样的株苗栽后易成活，生长亦旺盛。

牡丹是深根性花木，栽前应进行深耕，同时施入基肥（粪肥、厩肥、堆肥），基肥也可于栽植时施入穴的下部，并可加骨粉、饼肥、鸡粪等，要将所栽牡丹苗的断裂根、病根剪除，浸杀虫剂、杀菌剂后，放入事先准备好的盆钵或坑内，根系要舒展，填土至盆钵或坑过半处时，将苗轻提晃动，踏实封土，深度以根茎处略低于盆面或与地面平为宜。为使牡丹开出较多、较大花朵，栽植 1 年后可进行施肥，施肥以腐熟有机肥料为主，结合松土、撒施、穴施均可。每年最好施 3 次。

牡丹花栽植中须进行整枝修剪：栽植当年，多行平茬。春季萌发后，留 5 枝左右，其余抹除，集中营养；第二年起在花谢后需将残花剪去，花芽在 7 月下旬开始分化，应在此时之前进行修剪，可以获得所希望的树形；为使植株树冠低矮、花朵密集，可适度予以短截；植株基部发生的萌蘖，应在春季发生时及时摘除，避免枝干过密而影响开花。

在牡丹生长过程中，不可避免地会发生病虫害。牡丹的病害主要有灰霉病、褐斑病、炭疽病、轮斑病、枝枯病、根结线虫病。防治方法主要是加强管理，控制栽植密度，雨后及时排水等。另外，需要在早春发芽前喷石硫合剂，夏季用杀虫剂、杀菌剂混合液等。生长季节一旦发病，可采用波尔多液、甲基托布津、代森锌、氯硝胺喷、多菌灵、炭疽福美、退菌特、涕灭威、克线磷等药剂进行喷雾防治。

> 　　牡丹的花可供食用。中国有不少地方用牡丹鲜花瓣做牡丹羹，或配菜制作其他菜肴。牡丹花瓣可蒸酒，制成的牡丹露酒口味香醇。牡丹还有药用价值，根皮可入药，称牡丹皮，系常用凉血祛瘀中药。不过使用时应注意，血虚有寒、孕妇及月经过多者慎用。

17. 如何种植充满喜庆色彩的南天竹

　　南天竹又称南天竺、天烛子，属小檗科南天竹属，是我国南方常见的木本花卉种类。

　　南天竹茎丛生直立，枝叶常绿，疏密有致。初夏繁花挺立于秀叶之上；秋冬红果累累，如串串珊瑚，显示出生命的活力。南天竹是常见的庭园花木，种植在大树下、山坡建筑物周边、花坛之中、与山石配景等。盆栽观赏花、果、叶均好，果红时布置在

强光下，南天竹幼叶"烧伤"，成叶变红

厅堂和会场，充满喜庆色彩，效果极好。剪取南天竹果枝插瓶，是我国最早的插花记载。早在明清时期，南天竹就被列为古典庭园的造园植物，后又引植于盆景，深受喜爱。清代女诗人蒋英就写过一篇《南歌子·南天竹》："清品梅为侣，芳名竹并称。浑疑红豆种闲庭。深爱贯珠累累、总娉婷。不畏严霜压，何愁冻云凌。渥丹依旧叶青青。好共岁寒三友、插瓷瓶。"

　　南天竹的栽培土要求为肥沃、排水良好的砂质壤土，适宜用微酸性土壤。可以按砂质土 3 份、腐叶土 4 份、园土 2 份的比例调制盆栽土壤。

　　南天竹在半阴、凉爽、湿润处养护最好。在强光照射下，幼叶"烧伤"，成叶变红。如太阴蔽则茎细叶长，有损观赏价值，

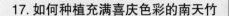

也不结实。南天竹适宜生长温度为 20℃左右，冬季温度在 8℃以下停止生长。在生长期内要剪除根部萌生枝条、密生枝条，剪去果穗较长的枝干，留一两枝较低的枝干以保证株型美观。

南天竹于干旱季节要勤浇水，保持土壤湿润。夏季每天浇水 1 次，并向叶面喷雾，保持叶面湿润。开花时尤应注意浇水，不使盆土发干，并于地面洒水以提高空气湿度，有利于提高受粉率。平时浇水应见干见湿（指浇水时一次浇透，然后等到土壤快干透时再浇第二次水，它的作用是防止浇水过多导致烂根和潮湿引起的病虫害），冬季植株处于半休眠状态，不要使盆土过湿。南天竹在生长期内，小苗半个月左右施 1 次薄肥（宜施含磷有机肥）。成年植株每年在 5 月、8 月、10 月施 3 次干肥，肥料可用充分发酵后的饼肥和麻酱渣等。

南天竹可以进行种子繁殖，也可以进行分株繁殖和扦插繁殖。可以在秋季采集南天竹的种子，采后即播；培育 3 年后可出圃定植。栽前，带土挖起幼苗，栽后才易成活。如果采用分株繁殖，可以在春秋两季将丛状植株掘出，抖去宿土，从根基结合薄弱处剪断，每丛带茎干 2 ~ 3 个，带一部分根系，同时剪去一些较大的羽状复叶后上盆，培养一两年后即可开花结果。如果需要扦插繁殖，可以在 3—4 月选取一年生粗壮枝条，剪成 12 ~ 15 厘米长的插条，顶端留几片嫩叶，插入土中 1/3 ~ 2/3，保持湿润，注意遮蔽阳光，1 个月后即可生根。

18. 可以在家里种植"丹桂飘香"的桂花吗

桂花是我国传统十大名花之一，系木犀科常绿灌木或小乔木，其园艺品种繁多，最具代表性的有金桂、银桂、丹桂、四季桂等。据文字记载，中国桂花栽培历史达 2 500 年以上。汉武帝初修上林苑，群臣皆献名果异树奇花 2 000 余种，当时栽种的植物，如甘蔗、蜜香、指甲花、龙眼、荔枝、橄榄、柑橘等，大多枯死，而桂花活了下来。司马相如的《上林赋》中也提到，当时桂花引种宫苑不仅初获成功，还具一定规模。

传统园林配置中自古就有"两桂当庭""双桂留芳"之说，常把玉兰、海棠、牡丹、桂花 4 种传统名花同植庭前，以取玉、堂、富、贵之谐音，喻吉祥之意。在现代园林中，因为桂花的枝叶繁茂、四季常青等优点，经常被用作绿化树种。

桂花既耐高温，也较耐寒，较喜阳光，亦能耐阴。全光照下，其枝叶生长茂盛，开花繁密；在阴处生长，枝叶稀疏，开花稀少。桂花对土壤的要求不严，除碱性土和低洼地或过于黏重、排水不畅的土壤外，一般均可生长，但以土层深厚、疏松肥沃、排水良好的微酸性砂质壤土最为适宜。

盆栽桂花的时间应选在春季或秋季，尤以阴天或雨天栽植最

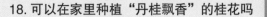
好。盆栽桂花盆土的配比是腐叶土 2 份、园土 3 份、砂土 3 份、腐熟的饼肥 2 份，将其混合均匀，上盆或换盆。秋季将桂花盆栽置于阳光充足处，室温保持 5℃以上，但不可超过 10℃；在室内注意通风透光，少浇水。第二年 4 月萌芽后移至室外，先放在背风向阳处养护，待稳定生长后再逐渐移至通风向阳或半阴的环境；可适当增加水量，生长旺季可浇适量的淡肥水，花开季节肥水可略浓些。日常管理还要整形修剪，去除过密枝、徒长枝、交叉枝、病弱枝，使通风透光。

桂花的繁殖方法有播种法、扦插法、压条法。扦插法比较常见，春季桂花发芽以前，用一年生发育充实的枝条，切成 5 ~ 10 厘米长，剪去下部叶片，上部留 2 ~ 3 片绿叶，插于河砂或黄土

延·伸·阅·读

淡黄色的桂花可以提取芳香油，制桂花浸膏，还可用于食品、化妆品，可制糕点、糖果，并可酿酒。古人认为桂为百药之长，用桂花酿制的酒能达到"饮之寿千岁"的功效。桂花茶可养颜美容，舒缓喉咙，改善多痰、咳嗽症状。桂花对氯气、二氧化硫、氟化氢等有害气体都有一定的对抗性，还有较强的吸附粉尘的能力，常被用于城市及工矿区绿化。

苗床，插后及时灌水或喷水，并遮阴，保持温度 20～25℃、相对湿度 85%～90%，2 个月后可生根。

家庭栽植桂花的主要虫害是螨，俗称"红蜘蛛"。一旦发现，应立即处置，可用螨虫清、蚜螨杀、三唑锡，喷药时要将叶片的正反面都均匀地喷到。每周 1 次，连续 2～3 次即可治愈。

19. 怎么养育出霸气的凌霄

凌霄是攀援性藤本园林观赏植物。凌霄适应性较强，不择土，枝丫间生有气生根，以此攀缘于山石、墙面或树干向上生长，多植于墙根、树旁、竹篱边。每年农历五月至秋末，绿叶满墙（架），花枝伸展，一簇簇橘红色的喇叭花缀于枝头，迎风飘舞，格外逗人喜爱。早在《诗经》里就有记载，当时人们称之为"陵苕"，"苕之华，芸其贵矣"，说的就是凌霄。北宋著名诗人梅尧臣曾经写过一首《和王仲仪二首·凌霄花》："草木不解行，随生自有理。观此引蔓柔，必凭高树起。气类固未合，萦缠岂由己。仰见苍虬枝，上发彤霞蕊。层霄不易凌，樵斧谁家子。一日摧作新，此物当共委。"从诗中可以窥见凌霄的雄姿。

凌霄分布于中国中部，性喜阳，略耐阴，喜温暖、湿润气候

　　和有阳光的环境，不耐寒。喜欢排水良好的土壤，较耐水湿，并有一定的耐盐碱能力。

　　盆栽凌霄宜选择5年以上植株，将主干保留30～40厘米短截，同时修根，保留主要根系，上盆后使其重发新枝。凌霄喜肥、好湿，早期管理要注意浇水，后期管理可粗放些。初栽的小苗要注意浇水、松土，春季发芽后就要加强水肥管理，并进行适当疏剪，萌出的新枝只保留上部3～5个，下部的全部剪去，去掉枯枝和过密枝，使树形成伞形。一般每月施1～2次液肥，可以利于生长；当凌霄植株长到一定高度，要设立支杆，搭好支架任其攀附；夏季现蕾后及时疏花，开花之前的5月中旬或6月初可施肥1次，并进行适当灌溉，使植株生长旺盛、开花茂密而鲜艳。冬季要将凌霄放到不结冰的室内越冬，严格控制浇水。

　　凌霄不易结果，很难得到种子，所以，繁殖主要采用扦插法、压条法和分根法。如果进行扦插繁殖，在上海地区春季时一般温度为23～28℃，就可以将去年的新枝剪下，直接插入地里，插后20天即可生根。如果要进行压条繁殖，可以在7月间将粗壮的藤蔓拉到地表，分段露出芽头，用土堆埋，保持土壤湿润，50天左右即可生根，生根后剪下就可以移栽。分根繁殖更为简单，只要在早春时候，母株附近根芽生出的小苗就可以移栽。

　　凌霄的病虫害较少，但应注意及时防治。常见病害有叶斑病和白粉病，可用 50% 多菌灵可湿性粉剂 1 500 倍液喷洒；在生长期发生的虫害有粉虱、介壳虫和蚜虫，发现后应及时喷施 40% 氧化乐果乳油喷杀。

凌霄不易结果，很难得到种子

凌霄有行血去瘀、凉血祛风的功效，可以用于治疗月经不调、经闭癥瘕、产后乳肿、风疹发红、皮肤瘙痒、痤疮等疾病。凌霄的根也是"宝贝"，有活血散瘀、解毒消肿的奇效，可以用于治疗风湿痹痛、跌打损伤、骨折、脱臼、急性胃肠炎等疾病。

三

草本花卉篇

20. 怎么种植秀雅端庄的君子兰

君子兰犹如它的名字，形态端庄优美，叶片苍翠挺拔，花大色艳，果实红亮，如果在家里养一盆君子兰，颇有君子之风。

君子兰原产于非洲南部的热带地区，它们生长在树的下面，所以既怕炎热又不耐寒，喜欢半阴而湿润的环境，畏强烈的直射阳光。君子兰生长的最佳温度在 18～28℃，在 10℃以下、30℃以上时，生长会受到抑制。君子兰喜欢通风的环境，喜深厚、肥沃、疏松的土壤，在排水性良好、湿润、微酸性、富有有机质的土壤内生长茂盛。君子兰不耐严寒，在上海地区，冬季时需要放入室内，清明时节拿出来放到荫棚下养护。君子兰的盛花期是自元旦至春节，是有名的节日花卉。

君子兰的繁殖有分株法和播种法。分株时，先将君子兰母株从盆中倒出，去掉宿土，找出可以分株的腋芽。如果子株生在母株外沿，株体较小，可以一手握住鳞茎部分，另一手捏住子株基部，撕掰一下，就能把子株掰离母体；如果子株粗壮，不易掰下，就应该用准备好的锋利小刀把它割下来，子株割下后，应立即用干木炭粉涂抹伤口，防止腐烂。播种法时，要将种子放入 30～35℃的温水中浸泡 20～30 分钟后取出，晾 1～2 小时，然后一粒粒地将种子播入消毒的培养土（基质可用木屑、细

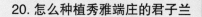

砂、腐叶等配制成 pH 值 6 ~ 6.5 为宜）。播种后的花盆置于室温20 ~ 25℃、湿度 90% 左右的通风透气环境中，1 ~ 2 周即萌发出胚根。

君子兰栽培较简易，首先要选好盆土。栽培时应用透气的瓦盆（泥盆），并随植株生长时逐渐加大，栽培一年生苗时，适用3 寸盆。第二年换 5 寸盆，以后每过 1 ~ 2 年换入大一号的花盆，这就是"倒盆换土"。换土时间最好选择在春秋两季，因为这时君子兰生长旺盛，不会因换土影响植株的生长。

君子兰比较耐旱，但也不可严重缺水，尤其在夏季高温加上空气干燥的情况下应及时浇水，但是，浇水过多又会烂根，所以要经常注意盆土干湿情况，出现半干就要浇水，但浇的量不宜多。君子兰浇水用磁化水最好，其次是雨水、雪水或江河里的活水，再次是池塘里的水，最差的是自来水。可以用一个小水缸或盆桶盛自来水，使水中部分有害的杂质沉淀，让水中所含的物质得到氧化和纯化，隔 2 ~ 3 天后再浇。

君子兰是喜欢肥料的植物，施底肥应在每两年一次的换盆时进行。施入土壤中的肥料常用的有厩肥（即禽畜粪肥）、堆肥、绿肥、豆饼肥等。在生长期可施用饼肥、鱼粉、骨粉等肥料。

君子兰的病害有叶片枯萎病、叶斑病、细菌性腐烂病、白绢病、软腐病、炭疽病等。发现君子兰生病，要用消毒刀清除病株或患病部分，并以日光适当照射，保持通风干燥。出现病害，还可以用药剂高锰酸钾液、多菌灵、青霉素、链霉素、土霉素、炭疽福美等水溶液喷洒防治。

在进行光合作用过程中，君子兰具有吸收二氧化碳和放出氧气的功能，这对净化室内空气有着极其重要的意义。君子兰还具有吸收尘埃的作用，特别是宽大肥厚的叶片有很多气孔和绒毛，能吸收大量的粉尘和有害气体，因而它被人们誉为理想的"除尘器"。君子兰全株入药，植株体内含有石蒜碱和君子兰碱，还含有微量元素硒，这些化学成分已用来治疗癌症、肝炎、肝硬化腹水和脊髓灰质炎等。

21. 可以在家种植纯洁高雅的百合花吗

百合花姿雅致，叶片青翠娟秀，茎干亭亭玉立，是名贵的切花新秀。百合原产于神州大地，由野生变成人工栽培已有悠久历史。百合在中国古籍中又名强蜀、山丹、百合蒜、大师傅蒜、夜合花等。早在公元 4 世纪时，人们只是将其作为食用和药用。及至南北朝时期，梁宣帝发现百合的花很值得观赏，曾诗云："接叶有多种，开花无异色。含露或低垂，从风时偃抑。甘菊愧仙方，蕙兰谢芳馥。"赞美百合具有超凡脱俗、矜持含蓄的气质。在我国，百合还具有百年好合之意，有深深祝福美好家庭的意义。

百合多数原产高山林下，故耐寒力较强，但是对高温的忍耐力较差。在中国，百合主产于湖南、四川、河南、江苏、浙江，全国各地均有种植，少部分为野生资源。我国分布的百合有46种和18个变种，其中36种和15个变种为特有。用于园艺育种和栽培的有40～50种，用于商品化生产的只有20种左右。比较有名的有卷丹百合、鹿子百合、山丹百合、麝香百合等。

百合性喜凉爽湿润气候，喜干燥，怕水涝。对土壤要求不严，在土层深厚，肥沃、疏松的砂质土壤中生长良好。鳞茎色泽洁白，肉质较厚。黏重的土壤不宜栽培。

百合是名贵的切花新秀

百合可以用鳞片、小鳞茎、珠芽和种子繁殖。百合的鳞片就是百合球茎的鳞片，也是我们经常食用的部分，具有养心安神、润肺止咳的功效，对病后虚弱的人非常有益。可以在秋季选择健壮无病、肥大的鳞片在1：500的多菌灵或克菌丹水溶液中浸30分钟，取出后阴干，基部向下，将1/3～2/3的鳞片插入有肥沃砂质土壤的苗床中，盖草遮阴保湿。约20天后，鳞片下端切口处便会形成1～2个小鳞茎。

第二种繁殖方式是小鳞茎繁殖。百合老鳞茎的茎轴上能长出多个新生的小鳞茎，收集消毒后播种。

第三种繁殖方式是珠芽繁殖。在夏季，可以摘取百合花上的珠芽，收集后与湿润细砂混合，贮藏在阴凉通风处。当年9—10月，在苗床上播珠芽，覆细土，盖草。

第四种繁殖方式是种子繁殖。秋季将成熟的种子采下，在苗床内播种，至第二年秋季可产生小鳞茎。

百合常见的病害有软腐病、灰霉病、病毒病、基腐病、黑茎病等。防治方法为选用健康无病鳞茎做种，并于种前进行消毒；发病后及时摘除病叶、清除病花以减少菌源。百合常见的虫害有蚜虫、金龟子幼虫、螨类。防治方法为发病期间喷杀灭菊酯、氧化乐果、马拉硫磷、蚜虱净、锌硫磷等；螨类可用杀螨剂。

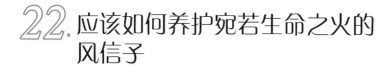

22. 应该如何养护宛若生命之火的风信子

风信子又名洋水仙，为百合科多年生草本球根植物，原产地中海沿岸及小亚细亚一带。它花色丰富，异常美丽，是早春开花的著名球根花卉之一。风信子除去观赏，还可以提取芳香精油。在英国，蓝色的风信子是婚礼中的新娘捧花或者装饰用花，代表着纯洁和幸福。

全世界风信子的园艺品种有 2 000 种以上，主要分为荷兰种和罗马种两类。荷兰种大多每株只长 1 支花葶，体势粗壮，花朵大；罗马种多为变异种，每株着生 2 ~ 3 支花葶，体势弱，花朵细。荷兰种风信子比较受欢迎。

18 世纪后，风信子流行全世界。从 20 世纪 50 年代开始，我国各地的植物园和公园才有少量栽培，用于花坛观赏。80 年代以后，风信子才在全国各地有较大的发展，广泛用于春季花卉展览和盆栽销售，但是因为气候或技术原因，在中国尚不能自行繁殖，要从国外引进种球。风信子种球每年的开花性逐年降低，真正开花值得欣赏的仅为第一年。例如，土栽风信子球根保护相对较好的话，可以养 2 ~ 3 年，只是花开一年不如一年。

风信子喜欢阳光充足或半阴的环境，比较耐寒，最适应冬季温暖湿润、夏季凉爽稍干燥的环境，适合生长在疏松、肥沃的砂质土中。

在生长过程中，风信子鳞茎在 2～6℃低温时根系生长最好。芽萌动适温为 5～10℃，叶片生长适温为 5～12℃，现蕾开花期以 15～18℃最有利。鳞茎的贮藏温度为 20～28℃，最适温为 25℃，对花芽分化最为理想，分化过程需 1 个月左右。

风信子一般用分球法繁殖。在入夏叶子变黄后，可以将风信子的鳞茎挖出，连同叶子一起风干，在干燥、凉爽的环境贮藏。到秋植时再将子球与母球分开，子球种植 2 年就可开花。

盆栽一般在 9 月上盆，选取大而充实的种球，用腐叶土和细砂 1：1 混合或用一种专门培育风信子的土，20 厘米口径的花盆可以栽 3 颗左右的球种，然后刨坑 13 厘米左右，栽植深度以球根肩部与土面平齐、顶部露出为合适；如此盆栽，秋季生根，早春新芽出土，3—4 月开花，5 月下旬果熟，6 月上旬地上部分枯萎而进入休眠。如果是 3—4 月栽种，花期在 5—6 月，光照时间控制在半天，随着温度逐渐升高，控制室温在 15～25℃，要将根系周围的枝叶剪去，开花期间应经常向植株喷水、浇水，保持湿润环境。风信子开完花后，用剪刀剪去种球基部的残花和枯枝以及下方的根系，放在阴凉通风处晾晒 1～2 天，用报纸包好放在冰箱中冷藏处理，以待次年进行栽种。

风信子也可以采用水培模式栽种，可以选用市场上特定的风信子水培花盆。由于风信子开花所需养分主要靠在鳞叶中储存，因此，选择种球时，要挑选皮色鲜明、质地结实、没有病斑和虫口的种球。通常可以从种球皮的颜色来判断开花的颜色，外皮为紫红色的，开的花就是紫红色；外皮是白色的，开的花就是白色。选购好种球，用稀释了的多菌灵或波尔多液浸泡、消毒、晾干，放置冰箱冷藏室1个月就可以打破其休眠，七八天后即可水培。将种球放在特制的风信子水培盆中，倒入清水，水面距离风信子的根系有1～2厘米空间，让根系可以透气呼吸。在12月将种球放在玻璃瓶内，加入少许木炭帮助防腐和消毒，放置在阴暗的地方，并用黑布遮住瓶子，这样经过20多天的全黑环境萌发后，再放到室外让它接受阳光的照射，初期每天照1～2小时，后逐步增至7～8小时，每隔3～4天换一次清水，大多数种球在天气好的情况下，到春节便能开花。

特别提醒

　　风信子的种球是有毒的，状似洋葱，如果不小心误食，会有头晕恶心的症状，严重时还会胃痉挛。所以，一定要谨防自家宠物和儿童误食。

23.在家里能养好层级丰富的大丽花吗

大丽花别名大理花、天竺牡丹，原产于墨西哥高原地区。它是全世界栽培最广的观赏植物，我国引种始于400多年前，现在在多个省区有栽培。

大丽花的花形与国色天香的牡丹相似，色彩瑰丽，象征着大方、富丽、大吉大利。它是墨西哥的国花、吉林省的省花和河北省张家口市的市花。

大丽花栽培品种繁多，按花朵的大小划分为大型花（花径20.3厘米以上）、中型花（花径10.1~20.3厘米）、小型花（花径10.1厘米以下）3种类型。按花朵形状划分为葵花形、兰花形、装饰形、圆球形、怒放形、银莲花形、双色花形、芍药花形、仙人掌花形、波褶形、双重瓣花形、重瓣波斯菊花形、莲座花形和其他花形等多种。

大丽花适宜生长于疏松、富含腐殖质和排水性良好的砂质土壤中。宜选用矮生品种进行盆栽。盆栽用土可用园土5份、河砂3份、堆肥土2份混匀配制。盆底垫上厚约3厘米的粗砂，其上加放少量腐熟饼肥末，肥上稍盖培养土，再将带土坨小苗栽入。初栽小苗宜用口径10厘米的小盆，待其苗高达15厘米时，再将其定植于口径25厘米的大盆，在日常管理中应及时松土，排除盆中渍水，因为大丽花肉质块根在土壤含水过多而空气流通不良时易腐烂。大丽花是一种喜肥花卉，必须有充足的肥料供给，从幼苗开始一般每 10 ~ 15 天追施 1 次稀薄液肥。现蕾后每 7 ~ 10 天施 1 次肥，到花蕾透色时即应停止施肥。气温高时不宜施肥。施肥量的多少，要根据植株生长情况而定。叶片厚而色深浓绿，是施肥合适的表现。施肥的浓度要求一次比一次加大，这样能使茎秆粗壮。

大丽花喜水但忌积水，既怕涝又怕旱，但大丽花枝叶繁茂，蒸发量大，又需要较多的水分，因此，浇水要掌握"干透浇透"的原则。在生长前期的小苗阶段，需水分有限，晴天可每天浇 1 次，保持土堆稍湿润为度；在生长后期，枝叶茂盛，消耗水分较多，应适当增加浇水量。在正常情况下，浇水量适当减少，有利于控制生长高度，促使大丽花茎粗、株矮、花大。夏季高温时可多向叶面喷水，以补足蒸发损失。

大丽花喜光不耐阴，若长期放置在阴蔽处，则生长不良、花小色淡，甚至不能开花。因此，盆栽大丽花应放在阳光充足的地方。每日光照要求达 6 小时以上，这样植株苗壮，花朵硕大而丰满；若每日光照少于 4 小时，则茎叶分枝和花苗形成会受到一定影响，且易患病。9 月以后，白天要有意识地提高周围小环境的温度，这样较大的昼夜温差对大丽花的花色及块根的膨大都有利。

大丽花的繁殖分为分根繁殖和扦插繁殖两种。在每年春天取出上一年 11 月用木屑装填贮藏的大丽花块根，将每一块根及附着生于根茎上的芽一起切割下来（切口处涂草木灰防腐），另行栽植。扦插繁殖可以选择在 6—8 月，侧芽长至 15～20 厘米，随剪随插。

大丽花的病害有根瘤病、褐斑病、白粉病、灰霉病、花叶病毒病，可用波尔多液加赛力散浇盆土消毒，用喷洒 Be 石硫合剂、可湿性代森锌、波尔多液加赛力散、百菌清可湿性粉剂、速克灵可湿性粉剂、克菌丹可湿性粉剂防治。大丽花的虫害有食心虫、蚜虫、红蜘蛛和大丽花螟蛾，可以喷洒吡硫磷、乐果、蚜松、杀螟松乳剂防治。

24. 怎么养护书案上的"文雅之竹"

"文雅之竹"即文竹，又称云竹、云片竹。文竹其实不是竹子，而是属百合科天门冬属的一种多年生藤本植物。由于其叶片轻柔，常年翠绿，枝干有节，似竹，而且姿态文雅潇洒，故得名文竹。文竹是观赏价值极高的植物，是深受人们喜爱的观叶花卉，尤其在书房、案头、卧室、客厅置一朱砂盆栽的文竹，配以古铜色花架，显得文雅、别致、大方。文竹四季常绿，经冬不凋，虽无花之艳丽，但胜花之飘逸；其纤细如羽毛之枝叶，不仅可做插花的衬叶材料，若遇上开小白花，星星点点，在翠绿丛中显得清雅可爱。中国近代的维新志士谭嗣同曾经写过一首慷慨激昂的《似曾诗》，诗中写到文竹的风骨："无端过去生中事，兜上朦胧业眼来。灯下髑髅谁一剑，尊前尸冢梦三槐。金裘喷血和天斗，云竹闻歌匝地哀。徐甲傥容心忏悔，愿身成骨骨成灰。"

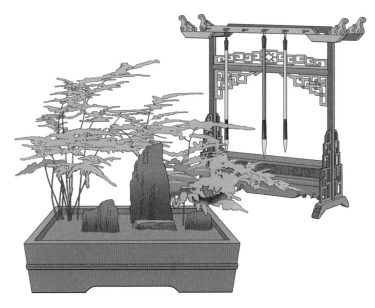

文竹四季常绿，经冬不凋

文竹喜温暖、湿润及半阴处，不耐干旱，冬季不耐严寒，夏季忌阳光直射；宜栽于疏松、肥沃的砂质土壤中。文竹的繁育主要是播种繁殖和分株繁殖。通常从温室栽培多年的母株上采种，果实由绿转褐色，充分成熟后，采下晾干贮藏。春天 3—4 月，搓去种子外的果皮，淘净晾干，然后于浅盆中穴播，覆土为种子大小的 2 倍，加盖玻璃或塑料薄膜。温度保持 20 ~ 25℃，土壤要湿润、疏松。播种后 30 天左右才会发芽。苗高 10 厘米左右时分栽于小盆。文竹的丛生性很强，3 年以上的文竹便会在根际处萌发出新的蘖苗，当小植株壮大后，就可以进行分株繁殖。在春季将文竹从花盆中取出，用利刀顺势将丛生的茎和根分成 2 ~ 3 丛，使每丛含有 3 ~ 5 枝芽，然后分别种植上盆，便可获得新的植株。

文竹对排水性要求比较高，最好选择富含腐殖质的腐殖土、泥炭土等疏松且排水性好的土壤，在土壤中可添加一点有机肥，会更有利于植株的成长。文竹栽培管理中最关键的问题是浇水。浇水过多，盆土过湿，很容易引起根部腐烂、叶黄脱落；而浇水过少，盆土太干，则又容易导致叶尖发黄、叶片脱落。因此，平时浇水量和浇水次数要视天气、长势和盆土情况而定；要做到不干不浇，浇则浇透，要以水浇下去后很快渗透而表面又不积水为度。在天气炎热时，要常向植株周围的地面、枝叶喷水以增加空气湿度；冬季气温低，要减少浇水量，以免冻坏根茎，盆土也不

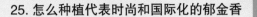
能过于干燥，以免文竹枯萎；同时，要注意浇水时水温应尽量与周围温度相近。文竹喜半阴的环境，最好放在有散光的室内。除了冬天外，其余季节不能放在有阳光直射的地方，特别是夏天，需要放置于半阴处，不能烈日暴晒。

文竹病害有叶枯病，发现病害应该降低空气湿度，施用腐熟的肥料，并注意通风、透光。发病后可喷洒波尔多液、多菌灵可湿性粉剂液、托布津可湿性粉剂液进行防治。夏季，文竹容易发生介壳虫、蚜虫、毛胫豆芫菁等虫害，可用氧化乐果喷杀。

25. 怎么种植代表时尚和国际化的郁金香

郁金香是一种十分艳丽的花卉，每株一般只盛开一朵花。这种美丽鲜艳、多种色彩（有红、黄、紫、白等）的花令人喜爱，如将各种颜色成片栽植，花朵齐放时节更是引人入胜。说起郁金香，我们就会想起荷兰，郁金香是荷兰的国花。事实上，原生种郁金香在古代生长在从土耳其到中国西北地区的广阔中亚大地。

如何才能在家中养好郁金香？首先，要选好种球，市场上郁金香的种球分为5级，要挑1级（种球直径3.5厘米以上，周长可达 12 厘米），此类种球开花率高达 95%；或者挑选 2 级（直径 3.1～3.4 厘米，周长 8.1～11.9 厘米），此类种球开花率为 60%～80%；2 级以下的种球至少种下去 1 年后才能开花，因此不宜取用。其次，要配制好培养土，郁金香要求土壤肥沃、透气，将腐殖土、泥炭土、河砂等比例混合即成适宜的培养土。然后，要精心管理种植，郁金香于 10 月中下旬种植，先把种球浸泡到多菌灵溶液半小时（杀死病菌），并可在溶液中滴入 3～4 滴赤霉素促其发芽，剥去种球外皮，将种球芽点向上种植于较深的花盆中（15～20 厘米盆径的花盆可种植 4～5 个种球），再于种球上覆土 4～5 厘米。浇水后置阴凉处，于气温 12～15℃、晚上不低于 6℃环境下 1 周左右就能发芽。过冬时把盆放室外向阳或室内半阴处（地栽的可露地越冬），保持盆土湿润，至翌年 2 月出土，移阳光下视盆土干湿情况浇水施肥，3—4 月即可开花观赏。

　　郁金香花开过后，很多人对它不再管理甚至丢弃，种时再去买种球。其实花后进行科学养护，还能得到可以开花的 1 级至 2 级种球。具体措施如下：在花凋后于花下 2～3 厘米处剪断，保留叶片，照常浇水施肥养护，经过近 2 个月后夏季到来时，茎叶全部变黄，将球根取出（尽量不伤球茎），去掉残留茎叶，放置阴凉处 2～3 天后，将种球埋入喷过水的砂土；也可用纸包裹好，放阴凉通风处或置冰箱冷藏室过夏。

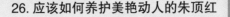

郁金香的病害主要有腐朽菌核病、灰霉病。防治方法是进行土壤和种球的消毒，然后每半个月用 5% 苯来特可湿性乳剂 2 500 倍液喷杀。郁金香的虫害主要有蚜虫和根螨，蚜虫一般采用 40% 乐果乳剂 1 000 倍液喷杀。郁金香还会感染一种特有的病毒，即郁金香碎色病毒，可由吸汁液的蚜虫及种球传播（郁金香圆尾蚜虫主要在鳞茎贮藏期传毒），它可以导致郁金香的性状退化、无法开花。家庭养育最好选用抗病的单瓣郁金香品种、选用无病毒种球种。

26. 应该如何养护美艳动人的朱顶红

朱顶红又名百子莲、百枝莲、红花莲、华胄兰、线缟华胄、柱顶红、朱顶兰、孤挺花、华胄兰等，是石蒜科朱顶红属的多年生草本。朱顶红经常被称为"骑士之星"。分布于巴西以及我国海南省等地，已由人工引种栽培。

朱顶红性喜温暖、湿润气候，生长适温为 18 ~ 25℃，不耐酷热，阳光不宜过于强烈，所以，夏季应该将朱顶红放在室内养护。它也不耐水涝，不能过多浇水。在冬季休眠期，朱顶红比较喜欢冷湿的气候，以 10 ~ 12℃为宜，不得低于 5℃。朱顶红喜欢富含腐殖质、排水良好的砂质土壤。如在冬季养护中土壤湿度大，或者温度超过25℃，茎叶生长旺盛，妨碍休眠，会直接影响第二年朱顶红的正常开花。光照对朱顶红的生长、开花也有一定影响，在夏季应避免朱顶红遭遇强光长时间直射，而冬季栽培又需充足阳光。

如果环境适合、培育恰当，朱顶红一年可以多次开花。为促进开花应及早加强管理，要做好以下几点：①经1年生长，应为朱顶红换上适合的花盆。盆土经1年或2年种植，肥分缺乏，为促进新一年生长和开花，应换上新土。②朱顶红生长快，经1年或2年生长，头部生长小鳞茎很多，因此，在换盆、换土时进行分株，把大株的合种为一盆、中株的合种为一盆、小株的合种为一盆。③在换盆、换土、种植时要施底肥，上盆后每个月施磷钾肥1次，施肥原则是薄施、勤施，以促进花芽分化和开花。④朱顶红生长快，叶长又密，应在换盆、换土时把败叶、枯根、病虫害根叶剪去，留下旺盛叶片。⑤为使朱顶红生长旺盛、及早开花，应进行病虫害防治，每月喷洒花药1次。喷花药要在晴天上午9时和下午4时左右进行，中午烈日下不宜喷洒，以防药害。

朱顶红的繁育方法有播种法、分球法、扦插法等。①播种法。朱顶红易结实，每一蒴果有种子100粒左右。采后即播，从播种到开花需要2～3年。②分球法。老鳞茎每年能产生2～3个小子球，将其取下另行栽植即可。小球约需2年开花。另外，用人工切球法，即将母鳞茎纵切成若干份，再在中部分为两半，使其下端各附有部分鳞茎盘为发根部位，然后扦插于泥炭土与砂混合之扦插床内，适当浇水，经 6 周后，鳞片间便可发生 1～2 个小球，并在下部生根。这样一个母鳞茎可得到仔鳞茎近百个。③扦插法。可将母球纵切成若干份，再分切其鳞片，斜插于蛭石或砂中，栽植深度以鳞片的 1/3 露出土面为好，鳞片生 1～2 个小球后又长出 2 片真叶时定植。

朱顶红的主要病害有病毒病、斑点病、线虫病和赤斑病。栽植前鳞茎用 43℃温水加 0.5% 福尔马林溶液浸 2 小时，春季定期喷洒等量式波尔多液达到防治效果。虫害有红蜘蛛危害，可用 40% 三氯杀螨醇乳油 1 000 倍液喷杀。

27. 应该如何种植被誉为"忘忧草"的萱草

萱草古名为忘忧草。据《诗经》记载，古代有位妇人因丈夫远征，遂在家居北堂栽种萱草，萱草常年碧绿，花期长又美，故能借以解愁忘忧，从此世人称之为"忘忧草"。南宋词人辛弃疾曾经写过一首《踏莎行·春日有感》，其中就有萱草的身影："萱

萱草的花蕾晒干后是我国特产"黄花菜"

草斋阶，芭蕉弄叶。乱红点点团香蝶。过墙一阵海棠风，隔帘几处梨花雪。"萱草春季萌发早，是花卉的珍品，三季有花，是布置庭院、树丛中的草地或花境等的好材料，且它的叶丛自春至深秋始终保持鲜绿，具有观赏效果。

种植萱草并不难，萱草耐瘠、耐旱，对土壤要求不严，但最好以富含腐殖质、排水良好的湿润土壤栽培。萱草喜光照充足，但也耐半阴，适应范围广，在我国南北各地均有栽培。春季均温5℃以上时幼苗出土，叶片生长适温为 15 ~ 20℃；开花期要求较高温度，以 20 ~ 25℃较为适宜。萱草管理简便，仅需肥沃、疏

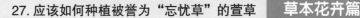

松的土壤条件，栽培中要求施足基肥，栽植时适当深栽，深度为 10～15 厘米。

分株繁殖是萱草最常用的繁殖方法。可以在春秋季节将母株丛全部挖出重新分栽；或从母株丛一侧挖出一部分植株做种苗，留下的让其继续生长。挖苗和分苗时要尽量少伤根，挖苗和分苗随即栽种，种苗挖出后应抖去泥土，一株一株地分开或每2～3个芽片为一丛，从母株上掰下；将根茎下部生长的老根、朽根和病根剪除，只保留1～2层新根，把过长的根剪去，约留10厘米长即可，一般3～5年可以分株1次。萱草也可以进行种子繁殖，在开花时人工授粉，授粉后疏掉其余的花蕾，使养分集中于单个果实和籽粒。采种后进行播种。

萱草在生活中非常常见，它的花蕾晒干后还有另一个名字"黄花菜"。它是我国特有的土产，干品营养丰富，含有蛋白质、脂肪、碳水化合物、钙、磷、铁、胡萝卜素、核黄素、硫胺素、尼克酸等。黄花菜有健胃、通乳、补血的功效；萱草根有利尿、

特别提醒

鲜黄花菜中含有秋水仙碱，在人体内由秋水仙碱转化为二氧秋水仙碱会使人中毒，应将鲜黄花菜经60℃以上高温处理，或用凉水浸泡，吃时用沸水焯的时间稍长一些。

消肿的功效；叶有安神的作用，能治疗神经衰弱、心烦不眠、体虚浮肿等症。

萱草的主要病害有锈病、叶枯病、叶斑病、白绢病、褐斑病等。防治方法为合理施肥，雨后及时排水；及时清除病残体，病害严重时可以用多菌灵、百菌清、代森锌等药剂在雨后喷洒。主要虫害是红蜘蛛和蚜虫。防治方法用扫螨净、克螨特或乐果溶液喷洒。特别注意的是，在黄花菜鲜食地区，应严禁使用农药喷杀，可用生物防治办法。

28. 你会种植淡雅朴素的菊花吗

菊花在"中国十大名花"中位居第三，是"花中四君子"（梅兰竹菊）之一。中国栽培菊花的历史已有 3 000 多年，《诗经》《离骚》中都有关于菊花的记载。关于菊花，最有名的一首诗是唐末起义军首领黄巢写的《不第后赋菊》："待到秋来九月八，我花开后百花杀。冲天香阵透长安，满城尽带黄金甲。"

在人们传统的认知中，菊花只在秋天开放，其实并非如此，菊花还分为夏菊、秋菊和冬菊。菊花的直径也有大小之分，有些非常大，有些就很小，属于满天星类型，可作盆菊、悬崖菊、扎

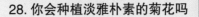

菊、盆景菊等。菊花的颜色也有很多种，有单色的菊花，也有多种颜色的复色菊花。

菊花喜欢阳光，忌阴蔽，较耐旱，怕涝。最适合在温暖、湿润的气候中生长，但是也能耐寒，严冬季节，菊花的根茎能在地下越冬，能经受微霜，但幼苗生长和分枝孕蕾期需较高的气温；最适生长温度为20℃左右。菊花比较喜欢地势高、土层深厚、富含腐殖质、疏松肥沃而排水良好的砂质土壤，在微酸性到中性的土壤中均能生长。

种植盆栽菊花，宜选用肥沃的砂质土壤，可选用6份腐叶土、3份砂土和1份饼肥渣混合制成盆土并消毒（可在阳光下曝晒）。盆栽要先小盆后大盆，经2～3次换盆，7月可定盆；浇透水后放阴凉处，待植株生长正常后移至向阳处。

菊花的浇水也很有讲究，春季菊苗幼小，浇水宜少；夏季菊苗长大，天气炎热，蒸发量大，浇水要充足；立秋前要适当控水、控肥，以防止植株蹿高疯长。立秋后开花前，要加大浇水量并开始施肥，肥水逐渐加浓；冬季花枝基本停止生长，须严格控制浇水。菊花的施肥也需要注意，在菊花植株定植时，盆中要施足底肥。以后可隔10天施一次氮肥。立秋后自菊花孕蕾到现蕾时，可每周施1次稍浓一些的肥水；菊花含苞待放时，再施1次浓肥水后，即暂停施肥。

菊花以营养繁殖为主，包括扦插、分株、嫁接及压条等。其中，嫩枝扦插应用最广，在4—5月截取菊花的嫩枝8～10厘米作为插穗，将其插入土中。在18～21℃的温度下，多数菊花品种3周左右生根，约4周即可移苗上盆。分株繁殖是在清明前后，把菊花植株掘出，依根的自然形态带根分开，另植盆中就可以了。芽插是在秋冬切取植株外部萌发的新芽（俗称"脚芽"）扦插，插于花盆或插床粗砂中，保持7～8℃室温，春暖后栽于室外（此法常用于品种的收集）。嫁接是为使菊花长得高大强壮，做成"十样锦"或大型大立菊，将菊花嫁接到黄花蒿或青蒿上，需于冬季在温室播种蒿种育苗，开春后在蒿苗顶部及分枝进行劈接。

菊花的病害主要有斑枯病，又名叶枯病、枯萎病，可以在发病初期摘除病叶，如严重则拔除、烧毁病株，在病穴撒石灰粉或用多菌灵液浇灌，并交替喷施波尔多液和甲基托布津液。菊花主要的害虫有蚜虫类、蓟马类、斜纹夜蛾和二点叶螨等，这些虫害均可用药剂喷洒防治。

延·伸·阅·读

菊花除观赏外还有食用保健功能，饮菊花茶能令人长寿；可以做成精美的佳肴，如菊花肉、菊花鱼球、油炸菊叶、菊花鱼片粥、菊花羹等；将菊花、陈艾叶捣碎为粗末，装入纱布袋中，做成护膝，可祛风除湿、消肿止痛。

29. 应该怎么养护高洁的兰花

国人历来把兰花看作高洁典雅的象征，兰与梅、竹、菊并列合称"花中四君子"。人们通常以"兰章"喻诗文之美，以"兰交"喻友谊之真，也有借兰来表达纯洁的爱情。战国时期著名诗人屈原在《九歌·礼魂》中就提到兰花，"成礼兮会鼓，传芭兮代舞，姱女倡兮容与。春兰兮秋菊，长无绝兮终古"。1985 年 5 月，兰花被评为"中国十大名花"之一。

兰花在中国已有数千年的栽培历史。传统名花中的兰花是指分布在我国兰属植物中的地生兰，如春兰、惠兰、剑兰、墨兰和寒兰等。这类兰花与花大色艳的热带兰花大不相同，没有醒目的艳态，没有硕大的花、叶，却具有质朴文静、淡雅高洁的气质，很符合东方人的审美标准。

养兰成活不易，养得开花更不易，但如把兰养好，就能享受到赏兰的乐趣。兰花养殖的环境和其他花卉有所不同，它们喜阴，怕阳光直射；喜湿润，忌干燥；喜肥沃、富含大量腐殖质、空气流通的环境。

兰花种子极细小，用常规方法播种不易萌发，一般常采用分盆繁殖。凡植株生长健壮、假球茎密集的都可分盆，分盆后每丛至少要保存 5 个连结在一起的假球茎。兰花的分盆和上盆有讲究，一般 2～3 年 1 次，以 3 月至 4 月上旬（秋兰）或 10 月至 11 月中旬（夏兰、春兰）进行为宜。分盆时，盆土要干些。如是湿泥，容易使根折断受伤。栽植兰花用土应含丰富的腐殖质，主要采用腐叶土或山林腐殖土。在南方用原产地的腐殖土（山泥），俗称"兰花泥"；也可用腐叶土、蛭石、珍珠岩等配制成疏松、通气、透水的培养土。第一次浇水采用坐盆法（即将栽好兰花的盆放入有水的容器，让水从盆底向上渗透），使盆吸足水分。最后，将盆兰放于阴处约半月至 1 个月。这段时间须控制浇水，不可太湿。上盆后最初几天应置阴处，十余天后逐渐接受阳光。

兰花的施肥也与众不同，不施肥不行，多施、重施更不行。一般来说，叶芽新出，可施少量淡肥几次。春分、秋分和花谢后 20 天左右，都是比较恰当的施肥时节。施肥时间以傍晚最好，第二天清晨再浇 1 次清水。每隔 2～3 周施肥 1 次。同时，每隔 20 天喷雾磷酸二氢钾 1 次，促使孕蕾开花。肥料一定要腐熟，未经腐熟不能使用，忌用人粪尿。

兰花的浇水也需要特别注意。兰花对空气及土壤均要求湿润；但花期与抽生叶芽期，浇水要少些。梅雨季节应搬回室内或搭棚遮雨。夏季于清晨或傍晚浇水，也不宜太多；秋天浇水量要视天气，如遇高温干燥（"秋老虎"）仍须清晨或傍晚浇水；在干旱季节，为了增加空气湿度，一日内需喷水、喷雾数次，每天傍晚喷雾；喷时要向上喷，雾点细匀，使叶面湿润、地面潮湿，增

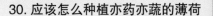
加空气湿度。浇水要从盆边浇水，不可当头倾注，不可中午浇。兰花浇水以雨水最好，河水、池水次之，切不可用碱性水，各种用水均应先取来积蓄在罐中，使水中污染物沉淀、水温正常，如自来水，需使水中氯气逸尽，然后再浇。

兰花放置的场所很重要，直接影响兰花的生长发育。兰花一般在春、夏、秋3个季节放在露地（夏季放在露地荫蔽处），冬季则放在室内。室外最好四周空旷、空气湿润，室内要有充足的光线，最好朝南，这样有利于兰花生长。兰盆最好放在木架或桌上，不要直接放在地面上。雨季高温时期的兰花容易发生褐锈病、白绢病，可用0.5%石硫合剂治疗。如有蚁巢，则可将盆浸于水中驱除。

30. 应该怎么种植亦药亦蔬的薄荷

薄荷又名银丹草，广泛分布于北半球的温带地区。我国各地均有分布和栽培，其中江苏、安徽为传统产区。薄荷的香气平淡，但沁人心脾，外用可以治疗神经痛、皮肤瘙痒、皮疹和湿疹以及蜂毒；内用也是佳品，主要可食用部位是茎和叶，可以榨汁服用，作为调味剂、香料、配酒、冲茶、制醒酒汤等。自古以来，薄荷就经常出现在文人墨客的诗文中。南宋文学家、音乐家姜夔的《念奴娇·闹红一舸》中，描写了一段惬意的场景，其中就有薄荷的身影："余客武陵，湖北宪治在焉。古城野水，乔木参天。余与二三友，日荡舟其间，薄荷花而饮，意象幽闲，不类人境。"

种植薄荷并非难事，薄荷对环境条件的适应能力较强，在海拔 2 100 米以下，一般土壤均能种植，以砂质土壤、冲积土为好。土壤酸碱度以 pH 值 6 ~ 7.5 为宜。对温度适应能力较强，其根茎宿存越冬，能耐零下 15℃的低温。气温低于 15℃时生长缓慢，高于 20℃时生长加快。在 20 ~ 30℃时，只要水肥适宜，温度越高，生长越快。喜光耐旱，把它们放在阳光明媚的环境中，可促进薄荷开花，且利于薄荷油、薄荷脑的积累。对于土壤要求不严格，比较喜欢土层深厚、疏松肥沃、富含有机质的土壤或半砂土壤。施肥可以使用有机肥，如过期的牛奶、淘米水，把蛋壳埋入土中 1 ~ 2 个月后作为肥料使用。

薄荷的繁殖方法有根状茎繁殖、扦插和种子繁殖。薄荷的地下根状茎系长到一定阶段，就会有芽发出，将具有芽的根状茎与母株分离，即可长出新的枝条；也可以将茎没入水中，1 周后水中的枝条就会生出根系。薄荷的种子比较细小，出芽率偏低，可以选用疏松透气、持水力高的土壤，将种子均匀地撒入土壤表面，覆上薄土，等待其发芽。

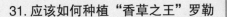

延 伸 阅 读

　　薄荷味辛性凉，无毒，长期做菜生吃或熟食能够去邪毒、除劳气、解困乏，使人口气香洁，还可治疗痰多及各种伤风。现代医学发现，薄荷中含有薄荷醇，该物质可以清新口气、缓解胆囊痉挛引起的腹痛，还具有防腐杀菌、利尿化痰、健胃和助消化等功效。虽然大量食用薄荷可导致失眠，但少剂量服用有助于睡眠。薄荷虽然有很多功效，但是阴虚血燥的患者以及怀孕期、哺乳期的妇女应该慎用。

 应该如何种植"香草之王"罗勒

　　罗勒被古希腊人称为"香草之王"，别名九层塔或十里香，是最大众化的料理用香草。它原产于印度及埃及，16世纪前后由印度传到欧洲。罗勒是意大利、印度、泰国美食中经常使用的调味料，意大利美食所用的罗勒酱就是将两大勺烤熟的松仁混合干奶酪、一小勺盐，外加一把新鲜罗勒叶片和橄榄油混合后碾碎而成。在我国，罗勒还有另一个俗名"金不换"。

　　罗勒香气四溢，可提取出无色的精油，气味清凉，可以缓解

75

疲劳、振奋精神，并且增强记忆力。罗勒还可以美容，精油对干燥缺水、老化粗糙并有皱纹的皮肤有滋润作用，可以控制粉刺，也可以用于改善黑眼圈和眼袋、紧致肌肤、平衡油脂分泌。但是，注意使用不要过量，否则会使皮肤受到刺激。

罗勒的植株非常小巧，高度为 20 ~ 80 厘米。叶子呈卵圆形，或是呈卵圆状长圆形，对生，边缘具有不规则的浅齿或接近全缘；总状花序顶生，花冠唇形，淡紫色或上唇白色、下唇紫红色。

罗勒喜欢温暖湿润、排水性良好的土壤环境，不耐寒，耐干旱。在江南可以一年四季种植，只是发芽时温度要保持在 22 ~ 26℃。可以用园土和腐叶土 1：1 混合后，在每年的 4—6 月、温度在 20 ~ 25℃时播种，播种时将种子均匀地撒在土壤表面，然后覆上薄薄的土层，用水浇透，让盆土保持潮湿的状态，1 周之后就会生根发芽，当苗长到 10 厘米、具 5 ~ 6 个叶片以后，就可以进行分株处理。罗勒的生长对于水肥要求并不高，只要多加钾肥，防止枯茎病发生。

罗勒浇水掌握"不干不浇，要浇就要浇透"的原则。幼苗期间要细心照顾，此时最怕土壤偏干，使小苗生长缓慢甚至枯萎，需要土壤一直维持在湿润状态。夏季的特点是高温高热，可以每天浇 1 次水，浇水的时间最好选择在清晨太阳还没有完全升起前，此时浇水可以让植物与土壤更加彻底地吸收水分，到了晚间若土壤出现偏干现象，可以再浇 1 次水。如果遇到下雨等天气，可以停止浇水或者延长浇水间隔。冬季若可以维持正常的温度，那么可以浇水，若温度较低时，则让盆土保持微干状态即可。

　　罗勒的繁殖是扦插和水培。可以选取比较粗壮的枝干，保留5～6个叶片，将枝条全部在水中浸没，仅露出叶片，1周后底部的枝条就会生根，生根的枝条可以继续水培，也可以移入土壤进行栽种。

32. 家中如何种植体积庞大的向日葵

　　向日葵是菊科向日葵属的一年生草本植物，高1～3.5米。园艺盆栽的矮向日葵个体较小，株形高度为15～30厘米。向日葵是世界四大油料作物之一，种子叫葵花籽，常炒制之后作为零食食用，味美，也可以榨葵花籽油用于食用，油渣可以做饲料。中国向日葵主产区分布在东北、西北和华北地区。

　　提到向日葵，不得不提到一位世界知名的画家文森特·梵高，在他一生中共画作11幅《向日葵》，有10幅在他死后散落各地，只有1幅在梵高美术馆展出过。梵高的《向日葵》有绚丽的黄色色系，他认为黄色代表太阳的颜色，阳光象征爱情。《向日葵》中一团团如火焰般、各种花姿的向日葵，狂放不羁的风格，充满激情的色彩，畅神达意的线条，不仅散发着秋天的成熟，融集着自然的光彩，而且更狂放地表现出画家对生活的热烈渴望与顽强追求。

向日葵生长周期短，喜强光，不畏高温，非常抗旱。生长过程不需要精细打理，除冬季外3季可播种。在江南地区，4—9月都可播种向日葵。花期可达2周以上。具体生长适温以夜间15℃以上、白天20℃以上为佳。

向日葵播种时可以将种子尖头朝下、垂直插入播种介质，覆土1~2厘米。出苗前保持介质湿润。一般3~7天出苗。种子发芽需遮光，适当覆土有助于发芽。种子发芽出土后保持介质湿润，放强阳光下照射，光照不足则会徒长。

幼苗生长出4~6片真叶后进行定植，盆栽使用14厘米直径盆，2份腐叶土、1份园土混合后加30克腐化鸡粪作为基肥，将取出的幼苗带土植入新盆，浇透水。定植后遮阴，于通风处静置1天，即可全日照管理。

每天早晨需要浇透水。向日葵生长快，需水量大，叶子越多，水分消耗越快。植株顶端开始现蕾后，就进入向日葵生长最旺盛的时期，在晴天需要一天早晚2次浇透水，阴雨天早晨要浇透1次水。每隔5~7天施1次肥，浇水或下雨时避免顶端花蕾积水。

当播种50天左右，便可观赏到向日葵花了。

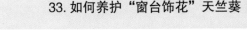
33. 如何养护"窗台饰花"天竺葵

　　天竺葵原产非洲南部，别名洋绣球、石蜡红、洋葵，有单瓣、半重瓣、重瓣和四倍体品种，也可分为直立天竺葵和垂吊天竺葵。世界各地普遍栽培天竺葵，在西方，它是很好的装饰窗台的花卉。在哥伦比亚作家加西亚·马尔克斯创作的长篇巨著《百年孤独》中就有天竺葵的踪影："此时微风初起，风中充盈着过往的群声喊喳，旧日天竺葵的呢喃窸窣，无法排遣的怀念来临前的失望叹息。"

　　天竺葵性喜冬暖夏凉，冬季室内每天保持 10～15℃，夜间温度 8℃以上，即能正常开花。但最适温度为 15～20℃。天竺葵喜燥恶湿，冬季浇水不宜过多，要见干见湿。土湿则茎质柔嫩，不利花枝的萌生和开放；长期过湿，会引起植株徒长，花枝着生部位上移，叶子渐黄而脱落。生长期需要充足的阳光，生长、开花与光照的积累有关。光照量越多，生长量越大，开花越早。如果光照不足，就会导致茎叶徒长、花梗细软、花序发育不良。弱光下的花蕾往往花开不畅，提前枯萎。

　　天竺葵喜旱怕湿，日常浇水要适量，冬季更不可天天浇。即使在干燥天气，一般也要 5～7 天浇 1 次水，保持盆土偏干略见湿即可。浇水过多，会引起叶片发黄、脱落，从而影响开花，甚至造成烂根而死亡。不过，经常用清水喷洒叶面，保持叶面清洁，有利于光合作用的进行。若要使天竺葵连续开花，则需要供给充足的养分，一般应每隔 10 天左右追施稀薄液肥 1 次，可用豆饼、蹄片、鱼腥水混合配制，待发酵后加水使用，也可使用花店出售的复合化肥，每次只用 3 ~ 5 片。

天竺葵的栽培基质配制比例可以为 55% ~ 70% 的草炭灰、20% ~ 25% 的珍珠岩、5% ~ 10% 的蛭石、5% ~ 10% 的陶粒。由于天竺葵有垂吊和直立品种之分，在栽培管理上稍有差异。如垂吊系列的栽培基质 pH 值在 5.5 ~ 5.8 为宜，普通品种的栽培基质 pH 值则为 6.0 ~ 6.3。栽培基质的 pH 值应在种植之前测定，栽培后每隔 1 周测定 1 次，如需调节 pH 值，可采用酸性或者碱性肥料进行。

天竺葵除了具有观赏价值外，还有独特的作用。例如，天竺葵能影响肾上腺皮质，可平复焦虑、沮丧，还能提振情绪、舒解压力；天竺葵的精油具有刺激淋巴系统和利尿的功能，两项功能相互增强，能够协助身体迅速、有效地排除过多的体液，可用来治疗蜂窝织炎、脚踝浮肿，可帮助肝、肾排毒，能治疗黄疸、肾结石和尿道感染，可以帮助妇女减轻经前体液滞留的症状。天竺葵精油还能促进血液循环，使用后会让苍白的皮肤转为红润、有活力。

天竺葵的主要病害是灰霉病和真霉病。养护天竺葵时，要保持植株生长环境通风良好，及时清理干枯的枝叶，室内保持较高的夜温，浇花时间尽量安排在清晨。

34. 在家里能种植常用于花坛布景的万寿菊吗

万寿菊是一年生草本植物，原产自墨西哥。万寿菊的花朵特别大，也特别鲜艳，经常被用于花坛布景，我们在公园和小区绿化带可以看到。

在墨西哥，万寿菊和亡灵节联系在一起。墨西哥人认为："死亡才显示出生命的最高意义，是生的反面，也是生的补充。"由于民族特有的观念，在 11 月 1 日的幼灵节和 11 月 2 日的亡灵节，人们祭奠亡灵却绝无悲哀，甚至载歌载舞，通宵达旦、欢欣鼓舞地庆祝生者与死者的团圆，在节日中用万寿菊祝福逝去的亲人回归现实世界。

万寿菊的生命力很强，对土壤要求不严，平时选择透气、排水性好的疏松砂质土壤就可以。万寿菊喜欢温暖、湿润的环境，平时可以摆放在阳光充足的地方。外界温度处于 15～25℃时生长最快，但当温度高于 30℃时就会停止生长，冬天温度低于

10℃时会进入休眠期。

万寿菊比较喜水，但每次浇水量不能过多，只要浇透就可以。另外，在不同的季节中，对水分的需求量也不同，夏天温度高，蒸发快，这时需要多浇水，而进入冬季以后水分蒸发慢，这时要减少浇水次数。万寿菊是一种喜肥植物，在生长期间，每月都要施肥1次，但是要少施氮肥，否则会导致万寿菊一生都不开花。最好在进行栽植时，施入一定量的基肥，可以增加开花数量。

万寿菊的繁殖方法有种子繁殖和扦插繁殖。可以在3月下旬至4月上旬播种，先精选种子，剔除杂质和秕籽，确保种子饱满。然后对选出的种子进行晒种，为防苗期病害，可用甲基托布津或百菌清进行药剂拌种，杀伤病菌，增强种子活力，提高发芽率。也可在夏季进行扦插，易发根，成苗快。从母株剪取8~12厘米嫩枝作插穗，去掉下部叶片，插入盆土中，每盆插3株，插后浇足水，略加遮阴，2周后可生根。生根后移至有阳光处进行日常管理，约1个月后可开花。

万寿菊在生长过程中易受黑斑病、白粉病、叶枯病等病害侵袭，同时还会遭到刺蛾、介壳虫、蔷薇三节叶蜂、朱砂叶螨、金龟子等虫害。对于发生的病害，可以喷施多菌灵、甲基托布津、达可宁等药物。在成虫取食危害时，用50%的马拉硫磷乳油1000倍液喷杀。万寿菊也有防虫作用，只要是在种植万寿菊的地方，其周围的植物很少会被蚜虫、红蜘蛛、蓟马侵害。

四

多肉植物篇

35. 风靡一时的多肉植物有什么特点

所谓多肉植物，通常是指植物体的茎或叶特化变得肥厚肉质，明显地具有储水功能的一类植物。此类植物往往生长在干旱少雨的荒漠或者有雨但保水很差的环境（如岩石坡、石壁、屋顶等），它们的叶都变成了刺，茎肉质化。最常见的有仙人掌科的仙人掌、仙人指、仙人球和大戟科的虎刺梅等；百合科的芦荟、景天科的宝石花也是属于叶和茎特别肉质的植物。多肉植物种类繁多，形态奇特，在园林造景方面能够显示出浓郁的异国情调，而且多肉植物观赏的是茎和叶片，由于叶片不会凋零，观赏期较长，一年四季都可以观赏。多肉植物中有许多种类非常适宜现代家庭种养，不用很深的养育技巧就可以轻松培育。前几年多肉植物风靡全球，受到各国民众追捧。事实上，中国古代宫廷很早就开始种植多肉植物，唐朝诗人王建在《宫诗一百首》中写道："金殿当头紫阁重，仙人掌上玉芙蓉。太平天子朝迎日，五色云车驾六龙。"

多肉类的繁殖方式以无性繁殖为主，具体为嫁接、扦插和分株繁殖等。

嫁接是选择与接穗亲和力较强的砧木，具体方法有两种：其一，平接法，适用于柱状或球形的种类。嫁接时用锋利的刀将砧木上端横切切断，除去切下部分后再把砧木切面四周削成斜面，然后把接穗下部横切，切断后把接穗切面对正砧木中央，使维管束互相对接。此法可用于仙人球接仙人球和仙人球接到三角（量天尺）上。其二，劈接法，适用于仙人指及蟹爪兰这种茎节扁平且又悬垂的种类。选择仙人掌或三角作为砧木，在作砧木的顶端或侧面不同部位切几个楔形的口子，将扁平的接穗两面削成楔形，并立即插入砧木上的楔形口子，注意维管束互相对接，为防止接穗滑出，可用仙人掌较长的刺或细竹签固定。嫁接后的植株不可浇水，需置于阴凉处自然生长，至伤口愈合后（约为 10 天）可常规养护。

扦插是剪取植株的一段（如蟹爪兰剪取 4～5 节），在伤口晾干后可扦插入砂土中，仙人掌剪下一节即可，仙人球可取母株上生的子球直接栽入砂土中。对于很多多肉植物来说，可以用利刃从茎上切枝扦插来繁殖，任何用于切割植物体的工具都要事先用酒精消毒。砍头适宜在每年的 4 月中旬，下面留 3～4 片叶子就行，然后把砍下来的部分晾上 5 天再扦插。多肉植物扦插最好在生长期开始时进行，通常在春天。扦插好后放置在通风良好、光线明亮、室温 20℃左右的场所，但要避开阳光。将扦插苗放入能保持合适湿度的封闭环境中直至生根，也是一个不错的办法。简便的方法是在一个大花盆上套上一个大的聚乙烯塑料袋，或者切取一个干净的透明塑料瓶的下半部分，倒扣在尺寸相当的花盆上。扦插苗的浇水宁少勿多，直到能观察到有明显的生长后再加大浇水量。

很多多肉植物是丛生的或有粗大的块根，可以通过分株繁殖。从盆中取出植株后，尽量去除掉盆土。分株操作的具体方法要看植株的生长类型。如萝摩科、景天科、仙人掌科中的多头品种，可在倒盆时分株，生长良好并已独立生根的仔株可分离后单独上盆。

36. 如何栽培、养护多肉类植物和微型盆景

栽植多肉类植物的培养土应是疏松透气、排水良好、具一定团粒结构、能提供植物生长期所需养分的砂质土壤。配制时要注意有机基质和无机基质合理搭配，除去过细、过小的粉尘。

有机基质包括：①腐叶土，可选用市场上出售的君子兰土，也可自行收集落羽杉或榉树叶堆沤发酵。②泥炭，为埋藏在地下上千年的湖沼植物，现以吉林、黑龙江出产的泥炭较好。优质泥炭色褐，有机质含量高，纤维度好，质地疏松，手感不黏。③木屑，透水、保水性强，一般不单独使用，可混入一些含氮化合物

（如豆饼等）堆制发酵。

　　无机基质包括：①蛭石，一种形似蜂窝状结构的金色轻质材料，保水、保温性强，透气佳，且无病菌。②珍珠岩，一种含铝硅酸盐的火山石，经高温加热膨胀而成的轻质材料，透水佳，通气性好。③椰糠，棕榈纤维，质地疏松，保水力尤强。市场上多见的是经压缩处理后呈小块状的椰糠，也叫"膨胀土"。用时先用水浸开。

　　根据需要取上面各种基质混合成培养土，可以种植多肉植物，在种植时最好不要用菜园土或者花坛里的土，因为这些土浇水后容易板结，导致植物根系不透气会死亡或者烂根。如一定要用，需加透气的河砂、煤渣、硅藻土、蛭石、珍珠岩、泥炭等。

　　多肉植物养殖用盆没有讲究，塑料的、铁的、木头的、瓷的、紫砂的，只要能够想到的容器，都可以用来种植。常用的是陶盆，陶盆吸水性很好，水浇多了问题也不大，可以缓解浇水过多引起的副作用。紫砂盆的透气性介于瓦盆和瓷盆之间，紫砂盆需要特别注意盆壁的厚薄程度，越是薄壁的紫砂盆，透气性越强，盆壁厚的紫砂盆透气性与瓷盆差不多。关键一点是盆底要有透水的孔，现在有用玻璃杯、酒杯等种植多肉植物，平时注意浇水，还是可以存活的，如果是长期种植，最好换有透水孔的花盆。巧克力盒、冰激凌盒等只要装点培养土，在底部打个透水孔，都可以用来养多肉植物，但应根据植物的根系来选择相应高度的容器。另外，为预防病虫害，栽植多肉植物前需将培养土与栽植的容器一起进行消毒（用蒸气消毒或在阳光下曝晒）。

多肉植物多水多汁，说明本身有很多水分储存。如果给水过多，就会造成腐烂，慢慢枯萎。因此，在每次浇水的时候，都要注意观察植物的状态。如果植物变得瘦弱干瘪，这是需要水分的表现；如果水分已经充足，那么看上去就是"胖嘟嘟"的。浇水的基本要领是盆土干透就可以了，1个月可以用多菌灵等稀释后浇1次，这样可以防止病菌入侵。给多肉植物浇水的时间，在夏季以清晨为好，冬天应在晴朗天气的午前进行，春秋则早晚均可。如果遇到阴雨天或者温度突然降低，则应停止浇水。

为多肉植物在生长季里提供一定的营养非常必要，一般多肉植物每20天左右施1次腐熟的稀薄液肥或复合肥。施肥时间可在天气晴朗的上午，并注意肥液不要溅到植株上。

刚刚上盆的多肉植物要等它们在阴凉通风的环境下先长好根，循序渐进地见阳光，等适应了才可以在太阳下晒晒。多肉植物最适宜的温度是15~28℃，5℃和35℃是多肉植物的生存下限温度和上限温度。

37. 你会种植莲花座造型的石莲花吗

　　石莲花又被称为宝石花，是观叶花卉中形态最美的植物之一，原产北美洲墨西哥伊达尔戈州。石莲花的叶像莲花瓣，在茎上叠生，且它的叶片晶莹剔透，就像是用玉石雕琢而成，极像莲花座，故它的学名就是石莲花。石莲花喜欢光照强、温暖干燥的环境，需要通风避雨。玉蝶是景天科拟石莲花属的代表，肉质厚实，叶片形状恰如宝石一般，被誉为"永不凋谢的花朵"。唐朝诗人司空曙专门写过一首《石莲花》："今逢石上生，本自波中有。红艳秋风里，谁怜众芳后。"

　　石莲花是多年生草本植物，全株光滑，没有明显的茎。倒卵形的叶子呈莲座状着生，末端阔而圆，有一小尖头，叶色淡紫或灰绿色，两面被有粉霜，状似莲花。花偏侧着生，呈总状单歧聚伞花序，花冠基部结合成短筒，外面淡红或红色，内面为黄色。石莲花形态独特，养护简单，适合家庭栽培。把石莲花置于桌案、几架、窗台、阳台等处，充满趣味，如同有生命的工艺品，是近年来流行的小型多肉植物。

　　石莲花喜温暖、干燥和通风的环境，不耐寒，耐半阴，怕积水，害怕烈日。在0℃以下时，叶片容易冻伤，要及时转移室内保温防冻养护。大多数石莲花品种在夏季温度超过30℃时进入休眠期，气温超过 35℃则停止生长。夏日的强光会灼伤叶片，导致植株萎蔫、干枯，要将其移入室内的背阴处。江南梅雨季节的高温、高湿气候非常不利于石莲花的生长，容易出现烂根，需要格外注意。

石莲花种植的土壤基质配比如下：腐叶土、河砂、园土、炉渣按 3 : 2 : 2 : 3 的比例混合配制，或泥炭土、颗粒土按 1 : 1 比例配制，并添加适量骨粉。在种植时宜用透气好、底部带排水孔的陶盆以利于排水、通气。可以在每年春末夏初之季，待根系生长稳固时换盆。

石莲花叶肉质，浇水过多易烂根，要遵循"干透浇透"的原则，可用喷雾形式给水，尽量避免浇到叶片，以免冲刷掉叶片上的白霜或者绒毛而影响观赏。冬季气温低于 5℃时，1 个月浇水 1 次；气温低于 0℃时不能浇水。夏季于清晨或傍晚气温较低时向根部少量喷水，气温在 35℃以上可断水，断水期间叶片由于消耗自身水分产生的轻微皱缩为正常现象，待入秋正常浇水后，叶片可恢复至肉质饱润状态。

石莲花的繁殖不难，可以在每年春秋季进行叶插或枝插。具体方法是收集落下的健康饱满的叶片，或者从植株上小心扳下健康叶片，放在阴凉透风处晾 2～3 天，待伤口愈合后斜插入半干的培养土中，3 周后就会生根和长苗。初生的小苗应该喷水后遮阴养护，避免太阳直晒。

石莲花虫害有白粉蚧、根粉蚧、红蜘蛛、黑象甲、根结线虫等。粉蚧类防治喷波美度石硫合剂、柴油乳剂，消灭越冬虫卵和若虫（不完全变态昆虫的幼虫）；红蜘蛛防治用螨危、金满枝、乙螨唑等，一定要虫卵一起喷杀，叶子正反面、盆土、花盆周围都要喷到；根线虫用 3% 呋喃丹颗粒剂防治；黑象甲可用 25% 西维因可湿性粉剂 500 倍液喷杀。

38. 应该如何种植苍劲古朴的玉树

玉树属于多浆肉质亚灌木，叶片肥厚，叶形奇特，光洁宛如碧玉，树冠挺拔秀丽，枝干苍劲古朴，颇具古树风韵。夏秋季节，繁花盛开，伞房花序点缀枝头，绿白相间，清雅别致，是一种适宜盆栽的优良多肉植物。

种植玉树最好选择排水性、透气性良好的紫砂盆。装盆时，先用瓦片或者瓷片堵住盆底的小孔，然后在盆底放入 2 ~ 3 厘米厚的粗粒基质或者陶粒作为滤水层，再撒上一层用腐烂的叶、草木与骨粉混合的有机肥料，然后盖上一层厚 8 ~ 10 厘米的营养土（营养土的比例为腐叶土∶壤土∶粗砂＝ 1∶1∶1），然后放入植株。植株放入时，把肥料与根系分开，避免烧根，最后用营养土铺满根系，一次性浇透水，放在背阴环境养护 1 周，待成活后把玉树移至阳台等阳光充足的地方。玉树喜欢阳光，可以让它们享受充足的光照，但是玉树又无法忍受强光的直射，所以，在炎热的夏天，要避免曝晒而导致叶片发黄。

玉树的花期是在冬末春初，花朵是一种直径约 2 厘米的筒状花，颜色为白色或淡粉色。在春天和秋天的生长期，可以 5 天左右给玉树浇 1 次水。夏季高温多湿，要少浇水。梅雨季节要避免雨淋，以免盆土积水造成腐烂。冬季也要适当减少浇水，当温度下降到 15℃时，可以 20 天左右浇 1 次水。在种植玉树的过程中，可根据各人爱好对玉树盆栽进行修剪。修剪时剪去长枝，使植株外部树冠圆满，内部枝条疏密得当。

种植玉树可以采用扦插法。在春暖花开之际，选取玉树上带叶基的肥厚叶片，或发育良好、生长壮实、带有顶芽的枝条，用剪刀剪下，摊晾几日，待基部的浆汁稍干、叶片微皱后，斜插入细砂或砂土中，待其根系长好，就可以将其迁到盆中进行观赏性种植。

玉树的主要病虫害有叶斑病、炭疽病、介壳虫等。叶斑病发生时，要及时清除病残叶片，在发病初期或后期均可用 0.5%～1% 的波尔多液喷洒。

39. 如何种植有多种功能的芦荟

　　生活中经常可以见到芦荟，芦荟可以美容，可以食用，还可以用作药物。芦荟中含有的多糖和多种维生素对人体皮肤有良好的营养、滋润、增白作用。芦荟的品种非常多，但是很多人不知道，并不是所有的芦荟都可以食用。库拉索芦荟是芦荟属中少数可食用的物种，国产芦荟也是比较理想的食用芦荟，其鲜凝胶可以食用，可以入药，也可以美容。

有些品种的芦荟可以食用，还可药用

在中国云南元江、福建闽南和广东沿海地区，都有一定面积栽培国产芦荟。在东南亚的海外华人聚集区，也广泛种植国产芦荟。

国产芦荟喜欢生长在排水性能良好、不易板结的疏松土质中。一般的土壤中可掺些砂砾灰渣，如能加入腐叶、草灰等更好。排水、透气性不良的土质会造成根部呼吸受阻，易腐烂坏死，但过多砂质的土壤往往造成水分和养分流失，使芦荟生长不良。

国产芦荟怕寒冷，长期生长在终年无霜的环境中。国产芦荟在5℃左右停止生长，0℃时生命过程发生障碍，如果低于0℃，就会冻伤。最适宜的温度为15～35℃，湿度为45%～85%。与所有植物一样，国产芦荟也需要水分，但最怕积水。在阴雨潮湿的季节或排水不好的情况下，很容易叶片萎缩、枝根腐烂以致死亡。国产芦荟喜欢阳光，但初植的芦荟最好上午见光、下午遮阴。在夏季高温时有一个短暂的休眠期，要注意控制水分，不宜浇水过多，否则易烂根死亡。到了秋季就要控制浇水，可采取喷水的方法浇灌，即使土壤比较干燥也没有关系，否则很容易烂根。秋冬季节除了注意保暖，还要注意尽量多见阳光，室内盆栽芦荟可以放到避风向阳的地方。如果温度较低，可以用透明的塑料袋罩住，在早上9点以后、下午3点以前进行日晒。

国产芦荟不仅需要氮、磷、钾，还需要一些微量元素。为保证芦荟是绿色天然植物，要尽量使用发酵的有机肥，如饼肥、鸡粪、堆肥、蚯蚓粪肥等更适合种植国产芦荟。

种植 3 年左右的国产芦荟就可以采摘，3 年以上的叶子药用价值更高。采叶时一般要从植株下部开始，成熟的叶片按顺序割下，不要伤害植株，并需保持叶体完整。因芦荟叶中水分占 96% 以上，汁液从破损的叶片中流出，对其营养是个损失。另外，破损的叶片也不易保存，还会影响其他叶片存放。

国产芦荟可以用分生、扦插法进行繁殖。分生繁殖在整个生长期内均可进行，但以春、秋两季为宜。可将芦荟茎基或根部的吸芽长成的幼株直接从母体剥离，移栽到苗圃或生产田中。扦插繁殖是利用不带根主茎和侧枝的下端可以发生不定根的特性，分离繁殖新的植株。芦荟扦插以气温 25～28℃为宜。土温较气温高 2～4℃时，可促进发根。

40. 怎么才能养护好 "人气很旺" 的玉露

玉露是百合科十二卷属的小型多肉植物，原产南非，现在世界多地均有栽培，是近年来在国内人气较旺的园艺栽培植物之一。玉露植株开始时为单生，以后肉质叶逐渐呈群生状，并从外向内呈紧凑的莲座状排列，叶质较软，叶片短而肥厚，叶色晶莹剔透，富于变化。人们通常把叶片顶端凸起、呈半球形的品种称为"玉露"，叶片上半段或者顶端呈透明或半透明状，称为"窗"，叶片表面有深色的线状脉纹，在阳光较为充足的条件下，其脉纹为褐色，叶顶端有细小的"须"。在原产地的砂砾环境中，玉露几乎都陷在其中，仅露出"窗"来接收阳光进行光合作用。玉露的叶色和叶片的"窗"面形状、"窗"面表面的脉纹和突起、叶顶端有无细小的"须"，这些特征都是作为玉露品种的鉴别依据。

玉露喜欢凉爽的半阴环境，耐干旱，不耐寒，忌高温潮湿和烈日暴晒，怕阴蔽，怕土壤积水。玉露品种繁多，有160多个原生种，大致分为寿、万象和玉扇。比较常见的玉露有草玉露、姬玉露、大型玉露、毛玉露、蝉玉露、刺玉露，比较珍贵的有黑肌玉露、冰灯玉露、大型紫肌玉露等。

玉露的根系非常粗壮，足够深度的多肉盆是让它们茁壮成长的基础，一般保证达到10～15厘米即可。养育玉露的土壤必须疏松、透气、排水性好，可以在土壤中加入大量的颗粒土，如麦饭石、植金石、日向石、珍珠岩等，颗粒大小选择2～6毫米最为适合，这些颗粒混合在泥炭土中，颗粒和泥炭土的比例各占50%。

养好玉露有3个秘诀，分别是控水、适量光照和修根。玉露叶内水分较多，夏季夜晚要注意通风降温。种植冰灯玉露时选用排水良好、不易结块的土壤。夏天要控制浇水量，没有干就不能浇，一浇就要透。玉露对光敏感，就要保证它得到充足的光照，但是不能让其长时间曝晒。当一天中最高气温超过 28℃后，就要避免光照，否则叶片会被晒伤。建议放置玉露的位置是南向阳台的散光处，或者一天中阳光直射时间在 2 个小时以内的东向或西向阳台。秋冬季由于温度低，可对其进行闷养，剪一些透明的塑料瓶或一次性透明塑料杯把它罩起来，让它在湿润的环境里，这样叶子会比较饱满。但是在夏天就要去掉瓶子，不然可能会因太闷而导致死亡。刚买回家需要换盆的玉露都要先修根，玉露的根有个特点：生长得快，死得也快，修根就像给树木修剪枝条一样，能够帮助它们生长得更好。如果原本健康的玉露突然变得干

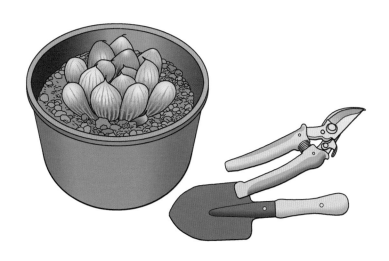

需要换盆的玉露都要先修根

巴巴的，肯定是根系出了问题，要及时对其根系进行修理。

玉露通常用分株、扦插和叶插 3 种方式繁殖。分株繁殖可结合换盆进行，在春季的生长季节，挖取母株旁边的幼株，有根无根都能成活，有根的直接栽种，无根的要晾上 1 ~ 2 天，等伤口干燥后再种植，种植时水不宜浇得过多，一般在盆的周围浇上水，等到长出新根后再进行正常管理。玉露在一丛之中下部的叶腋会长出肉质幼芽，幼芽长至 2 ~ 3 厘米后将其剪下，晾 2 ~ 3 天伤口干燥后，种植 2 ~ 3 周即可出新根，这就是扦插繁殖。叶插繁殖可以选择健壮充实的带有茎部的肉质叶片进行。

41. 为什么"大叶落地生根"的叶片落地就能长根

"大叶落地生根"这种多肉植物的名字有点特别，它原产非洲马达加斯加岛热带地区，是一种多年生肉质草本植物。"大叶落地生根"还有一个有趣的名字，叫作"宽叶不死鸟"，顾名思义，就是怎么养也养不死，这个品种可以说是多肉植物中最容易种植的品种。它还有净化空气的作用，非常适合在家庭中种植。

"大叶落地生根"的叶片肥厚而多汁，灰绿色，交错对生或轮生，下部叶片较大，叶片肉质，长三角形，具不规则的褐紫色斑纹，叶背面有不规则鱼鳞状紫色斑纹，叶缘有粗齿，锯齿处常会长 2 ~ 4 片真叶幼苗。植株幼小时叶片较平展，长大后叶片容易弯曲。

"大叶落地生根"喜温暖潮湿、光照充足的环境。不耐寒，耐干旱，宜栽植于疏松、排水良好的肥沃砂质土壤，生长适温 13 ~ 19℃，越冬温度 7 ~ 10℃，在温度高、空气湿度大的环境生长迅速。

为什么这种多肉植物那么好养呢？原因是它的叶缘锯齿较深，遇到干旱或不利环境，锯齿中间靠近叶背一侧，能很快生出具有 2 ~ 4 片真叶的幼苗，在不定芽的下方会长出一束白色的气生根，当这种不定芽碰触落土时，气生根遇到土壤很快会长出根系，根深入土中即可生成新的植株，故名"落地生根"。又因为在每个叶片缺刻处都能长出两片圆形对生叶状的不定芽，像蝴蝶一样，因此它还有一个好听的名字"花蝴蝶"。

人工繁殖"大叶落地生根"可以用扦插或栽培不定芽繁殖的方法，也可以用叶插、茎插的方法。等到植物成活后，就可以放在阳台、庭院阳光充足处，直至长出一棵完整的植株。当然还可以用种子进行繁殖。种子细小，播种后不用覆土，两周后就能发芽，而且发芽率高。

盆栽培育"大叶落地生根"时，盆土可以用腐叶土与粗砂

1:1混合，在生长期保持盆土湿润，秋冬季气温下降，要少浇水，冬季更要严格控水，每月浇水1～2次。植株如果生长过快，可摘心处理以促进分枝生长，保持植株生长状态的优美。春季可以对其进行换盆。生长期每月施1次薄肥。

"大叶落地生根"主要受灰霉病、白粉病危害，用70%甲基托布津可湿性粉剂1000倍液喷洒即可。虫害有介壳虫和蚜虫危害，用40%乐果乳油1000倍液喷杀。

五

植物趣事篇

42. 铁树开花真的要千年吗

　　"铁树开花"，比喻事情非常罕见或极难实现。此语来自明朝王济所写的《君子堂日询手镜》一文，"吴浙间尝有俗谚云，见事难成，则云须铁树开花"。民间俗语有"铁树开花马生角""千年铁树开了花"。其实这都是误解，树龄 5 ~ 20 年的老树只要温度、气候等条件适宜，铁树年年都可以开花！铁树是一种裸子植物，它的花不像月季、百合那样鲜艳，即使开花也往往被人们所忽视，所以有"铁树千年才能开花"的说法。

　　铁树的花是什么样的呢？铁树是一种裸子植物，它的花就是孢子叶球。铁树雌雄异株，雄的植株和雌的植株的花朵不同。雄的植株在茎顶形成由小孢子叶紧密排列成圆柱形的小孢子叶球（雄球花），小孢子叶背面密生众多小孢子囊，里面会像月季、百合雄蕊的花粉囊一样产生花粉；雌的植株在茎顶由大孢子叶紧密排列成扁球形的大孢子叶球（雌球花），大孢子叶宽卵形，上部羽状分裂，其下方两侧着生有 2 ~ 4 个裸露的直生胚珠。由于铁树的花没有由心皮构成的子房（没有果皮），所以种子裸露。12月成熟，种子长大，呈卵形而稍扁，熟时为红褐色或橘红色。

　　四川省攀枝花市西区所属的巴关河右岸，分布着一片十分珍贵的天然苏铁林，至少有 10 万株以上。它是世界上迄今为止

开花的铁树

发现的纬度最高、面积最大、植株最多、分布最集中的原始苏铁林。那里的铁树一旦长成，雄铁树每年都开花，雌铁树一两年也要开一次花。每年 3—6 月，攀枝花的苏铁林成千上万个黄色花蕾争奇斗艳，单株如佛手捧珠，成林似彩毯铺地。万绿丛中黄花点点，形成一种奇异景观。当地举办一年一度的"苏铁观赏节"，到这里旅游的中外人士对此赞不绝口。攀枝花苏铁与自贡恐龙化石群、平武大熊猫被人们誉为"巴蜀三绝"。

铁树的花富含糖类和氨基酸等多种化学成分，还含有淀粉、蛋白质、脂肪、微量元素砷、苹果酸、酒石酸、葫芦巴碱、胆碱等成分。铁树花属于凉性药物的一种，具有清热止血、散瘀的功效，能理气活血，同时还能缓解女性痛经问题。

43. 牡丹基因组是怎么被中国科学家破译的

牡丹花是中国特有的木本名贵花卉，有数千年的自然生长和1 500多年的人工栽培历史。洛阳牡丹闻名天下，北宋著名诗人梅尧臣曾经写过一篇《洛阳牡丹》："古来多贵色，殁去定何归。清魄不应散，艳花还所依。红栖金谷妓，黄值洛川妃。朱紫亦皆附，可言人世稀。"直至今天，河南省的洛阳市还是国内牡丹的栽培中心。

为实现牡丹科研的根源性创新，解决牡丹育种周期长、效率低等技术难题，2014年12月，洛阳市政府、深圳华大基因签署协议，共同开展洛阳牡丹基因组学研究，主要任务是开展洛阳牡丹基因组测序和牡丹遗传多样性、洛阳牡丹分子育种研究。其中，最重要、最基础和最核心的任务是牡丹基因组测序研究。

2017 年 9 月，在洛阳市举行的牡丹基因组测序成果新闻发布会上，我国科学家宣布成功破译牡丹基因组，填补了芍药科植物基因组研究空白。这也是世界上首次成功破译牡丹基因组，这次破译有 3 项成果在世界上领先。

在深圳华大基因和洛阳农林科学院双方的共同努力下，经过近 3 年的协作攻关，动用了包括国家"银河"超级计算机在

基因研究对牡丹物种保护有重大意义

内的各种科研资源，应用世界最先进的第三代测序技术，先后完成了 2.67 TB 第二代高通量数据分析、1.49 TB 第三代测序数据采集、结合 759 GB 的 Hi-C 数据组装，在世界上首次破译了牡丹基因组。

科学家发现牡丹基因组极其复杂，达 12.25 GB（约是人类基因组的 4.5 倍）。这也是相当惊人的结果，一株植物的基因组的量居然远超过人类。科学家们首次完成了牡丹基因组精细图的绘制，使"数字化牡丹"精彩呈现。完成牡丹基因组组装大小 12.25 GB，拼接片段 128 KB，基因组完整度为 98.0%，双端比对率为 98.8%，锚定染色体 85% 的基因组精细图谱，实现了超大基因组三代测序技术的完美组装。他们还注释了 65 898 个牡丹基因，使"定制化牡丹"成为可能。科学家获取了包含牡丹花形、花色控制的基因，以及与牡丹籽油合成相关的基因，为牡丹分子育种精准化提供了技术支撑，也就是说，未来科学家可以随心所欲地打造自己想要的新型牡丹。

此外，科学家构建了牡丹基因组及表型数据库，使"信息化牡丹"触手可及。依托研究成果建设的牡丹基因组数据库，涵盖 1 000 余份牡丹品种资源，从基因视野对牡丹进行分类、甄别，实现大数据查询应用。

此次重大成果的背后是更加长远的牡丹物种保护工作。科学家依靠此次的研究成果，可以更加科学地做好牡丹品种资源的溯源、保护工作，充分利用基因研究成果；可以对全球牡丹资源在分子水平上加以甄别、归纳和整理，去伪存真，保证牡丹品种资源的准确性、科学性和一致性。同时，对部分濒临灭绝的珍奇牡丹资源进行异地活体保护和 DNA 资源保护，洛阳也将成为全球牡丹品种资源类型最全、品种数量最多的资源保育中心；可以实现牡丹精准定向分子育种。通过基因组辅助技术，可以大大加快洛阳在观赏牡丹、油用牡丹、鲜切花牡丹、药用牡丹等方面的新品种培育速度，使洛阳成为全球牡丹品种培育中心、技术研发中心。

*44.*万寿菊为什么被称为"杀虫植物"

万寿菊是一种常见的园林绿化花卉，其花大、花期长，常用来点缀花坛和广场、布置花丛和花境、培植花篱等。万寿菊的叶片有类似糖果的香气，花朵会散发出如糖果汽水的味道。网络上曾有人写过关于万寿菊的七绝诗句："黄冠不去玉龙台，春雨秋风四处开，来往小童轻手摘，胸前头上乱成堆。"

鲜有人知的是，万寿菊这种美丽的植物还是杀虫植物。它们是一种特殊的优良天然驱虫剂，可以引诱和杀灭土壤中的线虫。

在生活中，万寿菊作为基肥作物可以降低有害线虫的密度，在印度已广泛用于蔬菜、甘蔗、烟草等作物线虫的防治。在非洲，可以看到万寿菊被垂吊于茅屋下，以驱赶成群的苍蝇。万寿菊被种在番茄、马铃薯和玫瑰之间，以防长成的花果成为小线虫的"大餐"。

科学家们经过长久的研究发现，万寿菊根部乙醇提取物具有杀线虫活性（3天后死亡率大约为50%）。万寿菊的主要杀虫活性成分是噻吩物质，其中三联噻吩是一种光活化杀虫剂，在光照作用下能杀死松材线虫，其发挥杀虫作用的过程也是活性成分本身光降解的过程，不会在环境中持久残留，因此，这种物质又被称为"绿色农药"。除了杀死线虫外，三联噻吩对很多菌种都有很强的抗性，对皮肤的一些病菌也有很强的对抗性。

科学家同样发现万寿菊花的精油中含有罗勒烯、罗勒烯酮、萜二烯、万寿菊酮、二氢万寿菊酮，另外，还有少量的胡椒酮、胡椒二烯酮、石竹烯、沉香醇、对甲氧基苯丙烯等。这些物质的存在使得万寿菊精油具有多种生物活性，如抗病毒、抑菌、抗抑郁及杀虫活性。

通过进一步的研究，科学家发现万寿菊对于3种蚊子的幼虫和菜粉蝶的幼虫有很强的杀灭作用。所以，在庭院里或者阳台上种植万寿菊，可以满足防蚊防虫的需要。

45. 有毒的南天竹为什么是一种良药

南天竹是一种非常喜庆的观果花卉，但是南天竹的花、果、茎、叶均不能食用，因为其有毒。南天竹中毒的表现如下：会突然变得非常兴奋，脉搏也会变得紊乱，一般会变成先快后慢，中毒后血压会突然下降，肌肉会发生痉挛，呼吸渐渐困难，身体发生麻痹，最后会昏迷。中毒后产生这些反应是因为南天竹含有各种生物碱：茎和根含有南天竹碱、小檗碱；茎还含有原阿片碱、异南天竹碱；茎和叶含木兰碱；果实含异可利定碱、原阿片碱。南天竹的叶、花蕾及果实均含有氢氰酸，叶子还有含穗花杉双黄酮、南天竹苷 A 及南天竹苷 B。

它们集中发挥作用会对人体产生损害，但是如果提取这些化学物质，就会打造出对人体有益的优质药品。

我们平时患肠炎时会服用一种叫作黄连素的药物，其效果非常显著，服药后急性肠胃炎就可以止住。黄连素的主要成分就是小檗碱，在南天竹的茎和根中就含有这种物质。药物学家从南天竹中提取小檗碱，用来制造各种治疗肠胃炎的药物。

南天竹的果实也是一种药物，可治疗百日咳、感冒热咳等疾病。果实中含有的原阿片碱具有镇痛、抑制血小板聚集、松弛平滑肌、抗心律失常、抗肿瘤、抗肝损伤等作用，我们服用的很多药物中都有原阿片碱的成分。

三氧化二砷是传统中药砒霜中的主要成分，近年来科学家发现这种传统毒药能够增强治疗肿瘤的有效性，并具有广谱抗癌作用，尤其是对治疗急性早幼粒细胞性白血病取得了满意的效果。但是，三氧化二砷对于肝脏等有不可忽视的毒性。2015年，江西医学院的科学家发现南天竹的果实提取物可以显著降低三氧化二砷的毒性，对三氧化二砷所致的肝损伤有很好的保护作用。因此，三氧化二砷通过与南天竹配伍可降低毒性，扩大在临床上的使用范围，安全性也会大大提高。

在中国很多少数民族地区，南天竹经常出现在药物名单上，如苗族和布依族就用南天竹的根或茎治疗胃痛等疾病。

46. 长春花为什么可以降血糖、降血压和抗肿瘤

长春花又名金盏草、日日新。这种花卉是近年来新出现的一种盆栽植物，原产地中海沿岸、印度、美洲热带地区，近年来才在国内大规模种植。在南方地区的花坛里经常可以看到长春花的身影，花朵绽开，非常艳丽，不论是白心红花，还是红心紫花，

一片片地盛开，令人赏心悦目。长春花还有个特点，就是一年四季都可以开花。除了盐碱性土壤外，在各种土壤中它都可以生存，喜欢阳光，不喜欢"喝水"，所以，非常适合上班族栽种，即使工作繁忙忘记浇水也没有关系。长春花忌湿怕涝，只要给它排水良好、通风透气的砂质或富含腐殖质的土壤，就可以茁壮成长。

长春花的花朵部位有毒性，在栽种时一定要小心。长春花中的长春碱对人体的白细胞具有抑制作用，会对人体产生诱变作用，导致胎儿畸形。但是不需要特别担心，只有当伤口碰到长春花的汁液或者误食才会中毒，日常触摸的风险性不大。

生物碱对于人类来说，具有一系列的好处。科学家已经从长春花中分离得到 70 余种吲哚类生物碱，如长春碱、长春新碱、派利文碱、洛柯定碱、洛柯辛碱、去乙酰文朵尼定碱、长春花碱、长春尼定、洛柯宁碱、四氢蛇根碱、异长春碱、环氧长春碱、洛柯碱等。长春花中含有的长春碱和长春新碱，虽然对白细胞有抑制作用，却是一种防治癌症的天然良药。长春碱的作用是抑制微管蛋白的聚合，而妨碍纺锤体微管的形成，使核分裂停止于中期。它对恶性淋巴瘤、绒毛膜癌及睾丸肿瘤有效，对肺癌、乳腺癌、卵巢癌及单核细胞白血病也有效。长春新碱在临床医学上作为一种抗癌剂而被应用，效果比长春碱要好，特别是对造血器官的肿瘤比较有效，可用于治疗急性淋巴细胞性白血病，疗效较好，对其他急性白血病、肝癌、霍奇金病、淋巴肉瘤、网状细胞肉瘤和乳腺癌、小细胞肺癌、消化道癌、黑色素瘤及多发性骨髓瘤也有疗效。

这些天然的生物碱还可以起到快速降低血压的作用，这一作用已经在动物实验中得到证实。另外，长春花中分离出来的一些物质被认定具有降血糖的作用，虽然作用比较缓慢，但是效果比较持久和牢固。

47. 百合花绽放之谜是如何解开的

宋代诗人韩维曾经作过一首赞美百合花的诗："真葩固自异，美艳照华馆。叶间鹅翅黄，蕊极银丝满。并萼虽可佳，幽根独无伴。才思羡游蜂，低飞时款款。"表达对百合花超凡脱俗、矜持含蓄的赞美。但是百合花究竟如何绽放出婀娜优雅的身姿，是科学界的一个谜团。

传统观点认为，花瓣的中脉向外弯曲，或者花瓣内面生长快于外面的弯曲，这是百合花绽放的根源，但是百合花瓣边缘在开放的过程中逐渐呈现波浪形褶皱，这是传统观点所无法解释的。2011 年，中国科学技术大学梁海弋教授与美国哈佛大学马哈德文教授合作，根据摄像机记录的百合花盛开的全过程，发现百合花瓣的边缘比中间部分要长，这一不均匀生长特性在花瓣上产生很大的拉力，最终促使花朵绽放。

有鉴于此，科学家沿着香水百合花蕾花瓣的边缘和中脉标记上等距点，以测量花朵从含苞到绽放过程中在尺寸和形状上的细微变化。他们将未开的香水百合的茎浸泡在水中，连续拍摄4.5天时间，直到花朵完全开放。实验发现，花瓣边缘比中脉的生长速率要快40%以上。两位科学家由此认定，花瓣生长速度的差异，使边缘受到很大的膨胀力而中间区域受到拉力；花瓣在这种不均匀生长导致的内力作用下逐步向外弯曲，在花瓣边缘逐步产生褶皱，最终完全绽放。在进一步的理论与数值模拟中，他们惊奇地发现，在花蕾开放初期，边缘膨胀力不能有效地弯曲花瓣，但达到某个临界点后则可高效地向外弯曲花瓣，而这正是百合花快速开放所需要的。至此困扰人们多时的百合花绽放之谜终于被揭开。

1790年，德国博物学家约翰·歌德在《植物的改变》一文中宣称，树叶和花瓣同源。梁海弋教授此前的工作表明，边缘过度生长也是导致树叶呈现多种形貌的内因。而树叶和百合花同样的边缘过度生长机制为约翰·歌德的预言提供了植物器官层次的证据。百合花是自然界高度进化的杰作，为仿生学提供了新的设计原理。只要利用两位科学家发现的百合花开放机理，在计算机上可以自动模拟开花过程，而且制作出来的开花过程既真实又自然。